献给清华大学建校100周年

暨梁思成先生诞辰110周年

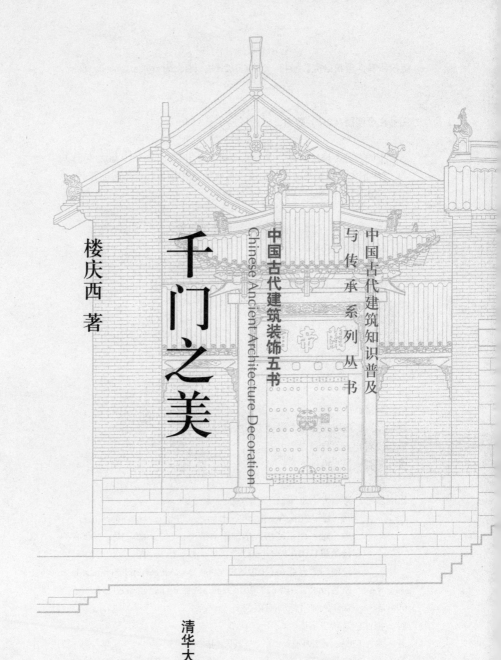

楼庆西 著

千门之美

中国古代建筑装饰五书

Chinese Ancient Architecture Decoration

中国古代建筑知识普及与传承系列丛书

清华大学出版社 北 京

图书在版编目（CIP）数据

千门之美 / 楼庆西著.—北京：清华大学出版社，2011（2023.9重印）
（中国古代建筑知识普及与传承系列丛书.中国古代建筑装饰五书）
ISBN 978-7-302-24973-3

Ⅰ.①千… Ⅱ.①楼… Ⅲ.①门—古建筑—建筑艺术—中国—图集
Ⅳ.①TU228-64

中国版本图书馆CIP数据核字（2011）第039418号

责任编辑：徐　颖　秦　裕
装帧设计：锦绣东方图文设计有限公司
责任校对：王荣静
责任印制：杨　艳

出版发行：清华大学出版社
　　　　　网　　址：http://www.tup.com.cn, 　　http://www.wqbook.com
　　　　　地　　址：北京清华大学学研大厦A座　　邮　编：100084
　　　　　社总机：010-83470000　　　　　　　　邮　购：010-62786544
　　　　　投稿与读者服务：010-62776969, c-service@tup.tsinghua.edu.cn
　　　　　质量反馈：010-62772015, zhiliang@tup.tsinghua.edu.cn
印装者：小森印刷（北京）有限公司
经　销：全国新华书店
开　本：170mm×230mm　　　印　张：17.75　　　字　数：212千字
版　次：2011年4月第1版　　　印　次：2023年9月第9次印刷
定　价：99.00元

产品编号：040858-04

献给关注中国古代建筑文化的人们

策　划：华润雪花啤酒（中国）有限公司

统　筹：清华大学建筑学院

主　持：王　群　朱文一

执　行：王贵祥　王向东

　　　　清华大学建筑学院

资　助：华润雪花啤酒（中国）有限公司

参　赞：

侯孝海　张远堂　陈　迟　李　念

刘　旭　连　博　廖慧农　李路珂

李新钰　袁增梅　毛　娜

◆ 总序一 ◆

2008年年初，我们总算和清华大学完成了谈判，召开了一个小小的新闻发布会。面对一脸茫然的记者和不着边际的提问，我心里想，和清华大学的这项合作，真是很有必要。

在"大国"、"崛起"甚嚣尘上的背后，中国人不乏智慧、不乏决心、不乏激情，甚至不乏财力。但关键的是，我们缺少一点"独立性"，不论是我们的"产品"，还是我们的"思想"。没有"独立性"，就不会有"独特性"；没有"独特性"，连"识别"都无法建立。

我们最独特的东西，就是自己的文化了。学术界有一句话："建筑是一个民族文化的结晶。"梁思成先生说得稍客气一些："雄峙已数百年的古建筑，充沛艺术趣味的街市，为一民族文化之显著表现者。"当然我是在"断章取义"，把逗号改成了句号。这句话的结尾是："亦常在'改善'的旗帜之下完全牺牲。"

我们的初衷，是想为中国古建筑知识的普及做一点事情。通过专家给大众写书的方式，使中国古建筑知识得以普及和传承。当我们开始行动时，由我们自己的无知产生了两个惊奇：一是在这片天地里，有这么多的前辈和新秀在努力和富有成果地工作着；二是这个领域的研究经费是如此的窘迫，令我们瞠目结舌。

希望"中国古代建筑知识普及与传承系列丛书"的出版，能为中国古建筑知识的普及贡献一点力量；能让从事中国古建筑研究的前辈、新秀们的研究成果得到更多的宣扬；能为读者了解和认识中国古建筑提供一点工具；能为我们的"独立性"添砖加瓦。

王 群

华润雪花啤酒 (中国) 有限公司　总经理
2009年1月1日于北京

◆ 总序二 ◆

　　2008年的一天，王贵祥教授告知有一项大合作正在谈判之中。华润雪花啤酒（中国）有限公司准备资助清华开展中国建筑研究与普及，资助总经费达1000万元之巨！这对于像中国传统建筑研究这样的纯理论领域而言，无异于天文数字。身为院长的我不敢怠慢，随即跟着王教授奔赴雪花总部，在公司的大会议室见到了王群总经理。他留给我的印象是慈眉善目，始终面带微笑。

　　从知道这项合作那天起，我就一直在琢磨一个问题：中国传统建筑还能与源自西方的啤酒产生关联？王总的微笑似乎给出了答案：建筑与啤酒之间似乎并无关联，但在雪花与清华联手之后，情况将会发生改变，中国传统建筑研究领域将会带有雪花啤酒深深的印记。

　　其后不久，签约仪式在清华大学隆重举行，我有机会再次见到王总。有一个场景令我记忆至今，王总在象征合作的揭幕牌上按下印章后，发现印上的墨色较浅，当即遗憾地一声叹息。我刹那间感悟到王总的性格。这是一位做事一丝不苟、追求完美的人。

　　对自己有严格要求的人，代表的是一个锐意进取的企业。这样一个企业，必然对合作者有同样严格的要求。而他的合作者也是这样的一个集体。清华大学建筑学院建筑历史研究所，这个不大的集体，其背后的积累却可以一直追溯到80年前，在爱国志士朱启钤先生资助下创办的"中国营造学社"。60年前，梁思成先生把这份事业带到清华，第一次系统地写出了中国人自己的建筑史。而今天，在王贵祥教授和他的年长或年轻的同事们，以及整个建筑史界的同仁们的辛勤耕耘下，中国传统建筑研究领域硕果累累。又一股强大的力量！强强联合一定能出精品！

　　王群总经理与王贵祥教授，企业家与建筑家十指紧扣，成就了一次企业与文化的成功联姻，一次企业与教育的无间合作。今天这次联手，一定能开创中国传统建筑研究与普及的新局面！

朱文一

清华大学建筑学院　院长
2009年1月22日凌晨于清华园

前　言

　　建筑，除个别如纪念碑之类的以外，都具有物质与精神的双重功能。建筑为人们生活、工作、娱乐等提供了不同的活动场所，这是它的物质功能；建筑又都是形态相异的实体，它以不同的造型引起人们的注视，从而产生出各种感受，这是它的精神功能。

　　中国古代建筑具有悠久的历史，它采用木结构，用众多的单体建筑组合成群，为宫廷、宗教、陵墓、游乐、居住提供了不同的场所，同时它们的形象又表现出各类建筑主人不同的精神需求。宫殿建筑的宏伟、宗教寺庙的神秘、陵墓的肃穆、文人园林的宁静、住宅表现出居住者不同的人生理念，这些不同的建筑组成为中国古代建筑多彩的画卷。

　　建筑也是一种造型艺术，但它与绘画、雕塑不同，建筑的形象必须在满足物质功能的前提下，应用合适的材料与结构方式组成其基本的造型。它不能像绘画、雕塑那样用笔墨、油彩在画布、纸张上任意涂抹；不能像雕塑家那样对石料、木料、泥土任意雕琢和塑造。它也不能像绘画、雕塑那样绘制、塑造出具体的人物、动植物、器物的形象以及带有情节性的场景。建筑只能应用它们的形象和组成的环境表现出一种比较抽象的气氛与感受，宏伟或平和、神秘或亲切、肃穆或活泼、喧闹或寂静。但是这种气氛与感受往往不能满足要求。封建帝王要他们的皇宫、皇陵、皇园不仅具有宏伟的气势，而且要表现出封建王朝的一统天下、长治久安和帝王无上的权力与威慑力。文人要自己的宅园不仅有自然山水景观，还要表现出超凡脱俗的意境。佛寺道观不仅要有一个远离尘世的环境，还要表现出佛国世界的繁华与道教的天人合一境界。住宅不仅要有宁静与私密性，而且还要表现出宅主对福、禄、寿、喜的人生祈望。而所有这些精神上的要求只能通过建筑上的装饰来表达。这里包括把建筑上的构件加工为具有象征意义的形象、建筑的色彩处理，以及把绘画、雕塑用在建筑上等等方法。在这里装饰成了建筑精神功能重要的表现手段，装饰极大地增添了建筑艺术的表现力。

中国古代建筑在长达数千年的发展中，创造了无数辉煌的宫殿、灿烂的寺庙、秀丽的园林与千姿百态的住宅，而在这些建筑的创造中，装饰无疑起到十分重要的作用。这些装饰不仅形式多样，而且具有丰富的人文内涵，从而使装饰艺术成为中国古代建筑中很重要的一部分。1998年和1999年，我分别编著了《中国传统建筑装饰》与《中国建筑艺术全集·装修与装饰》，这是两部介绍与论述中国古代建筑装饰的专著，但前者所依据的材料不够全，而后者文字仅三万余字，所以论述都不够细致与全面。2004年以后，又陆续编著了《雕梁画栋》、《户牖之美》、《雕塑之艺》、《千门万户》和《乡土建筑装饰艺术》，但这些都局限于介绍乡土建筑上的装饰。经过近十年的调查与收集，有关装饰的实例见得比较多了，资料也比以前丰富了，在这个基础上，现在又编著了这部《中国古代建筑装饰五书》。

介绍与论述中国古建筑的装饰可以用多种分类的办法：一是按装饰所在的部位，例如房屋的结构梁架、屋顶、房屋的门与窗、房屋的墙体、台基等等，在这些部分可以说无处不存在着装饰。另一种是按装饰所用材料与技法区分，主要有石雕、砖雕、木雕、泥灰塑、琉璃、油漆彩绘等。现在的五书是综合以上两种方法将装饰分为五大部分，即：(一)《雕梁画栋》论述房屋木结构部分的装饰。包括柱子、梁枋、柁墩、瓜柱、天花、藻井、檩、椽、雀替、梁托、斗栱、撑栱、牛腿等部分。(二)《千门之美》论述各类门上的装饰。包括城门、宫门、庙堂门、宅第门、大门装饰等部分。(三)《户牖之艺》论述房屋门窗的装饰。包括门窗发展、宫殿门窗、寺庙门窗、住宅门窗、园林门窗、各类门窗比较等部分。(四)《砖雕石刻》论述房屋砖、石部分的装饰。包括砖石装饰内容及技法、屋顶的装饰、墙体、栏杆与影壁、柱础、基座、石碑、砖塔等部分。(五)《装饰之道》论述装饰的发展与规律。包括装饰起源与发展、装饰的表现手法、装饰的民族传统、地域特征与时代特征等。

　　建筑文化是传统文化的一部分，为了宣扬与普及优秀的民族传统文化，本书的论述既不失专业性又兼顾普及性，所以多以建筑装饰实例为基础，综合分析它们的形态和论述它们所表现的人文内涵。随着经济的快速发展，中国必然会出现文化建设的高潮，各地的古代建筑文化越来越受到各界的关注。新的一次全国文物大普查，各地区又发现了一大批有价值的文物建筑，作为建筑文化重要标志的建筑装饰更加显露出多彩的面貌，相比之下，这部装饰五书所介绍的只是一个小部分，有的内容例如琉璃、油漆彩画就没有包括进去。十多年以前，我在《中国传统建筑装饰》一书的后记里写道："祖先为我们留下了建筑装饰无比丰富的遗产，我们有责任去发掘、整理，并使之发扬光大。建筑装饰美学也是一件十分重要而又有兴味的工作，值得我们去继续探讨。我愿与国内外学者共同努力。"现在，我仍然抱着这种心情继续努力学习和探索。

楼庆西

2010年12月于清华园

目 录

概　述

　　门是建筑的出入口，除了少数像纪念碑之类的建筑之外，凡是具有实用空间的建筑，无论是普通的住宅、寺庙，还是规模巨大的皇宫、皇陵，无论是单幢房屋还是成组建筑，它们都应该有自己的门。

　　中国古代建筑的特征除了在结构上采用木构架的结构体系之外，建筑的群体性也是重要的一个方面。陕西岐山凤雏村发掘出一处西周(前11世纪—前771年)时期的建筑遗址，这是一组相当规整的四合院式的建筑群，由门屋、前堂、后室及两侧厢房组成院落，从遗址出土的甲骨文上推测，这里可能是一处宗庙。四川成都出土的汉代墓室画像砖上所显示的宅院，则使我们看到了2000年前古代住宅的具体形象，它也是由门、厅、堂、廊屋等组成为合院式的建筑群体。从历代遗存至今的各类建筑，我们可以看到，从最大量的住宅到祠堂、寺庙，从县城的衙署到京城的皇宫、皇陵，它们都是由单

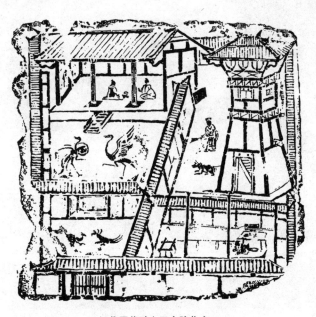

汉代画像砖上四合院住宅

1

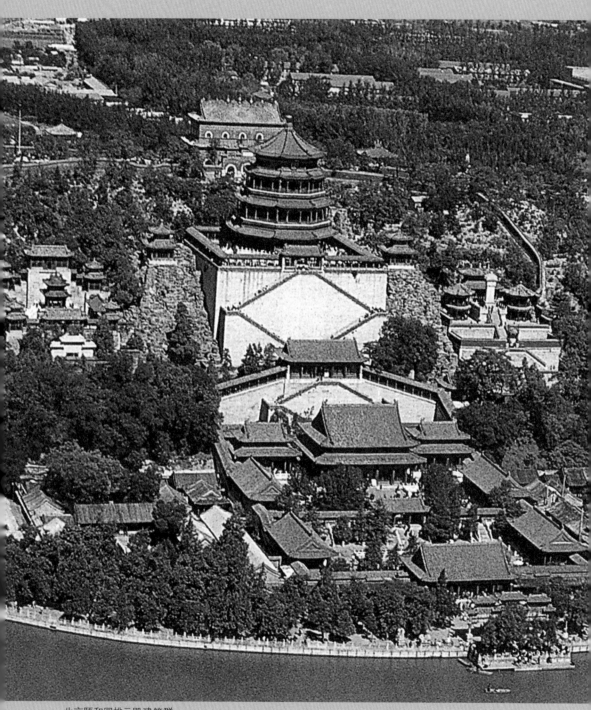

北京颐和园排云殿建筑群

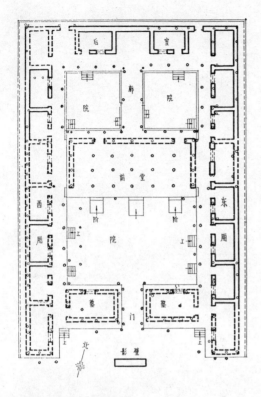

陕西岐山凤雏村建筑遗址

幢房屋组合成的建筑群体。古都北京，经元、明、清三代封建皇朝的规划与建设，具有严整的城市布局，宫城、皇城居于全城中心位置，四周散置有寺庙、王府以及大片的胡同住宅区，在它们的外沿围以城墙形成一座都城。如果我们从外地来北京要寻找某一处宫殿、寺庙或者住宅，则必须先经过北京城的城门，再经过宫城的宫门、寺庙的庙门或者四合院住宅的宅门，最后进入房屋的房门才能最终到达目的地。正是这城门、宫门、庙门、宅门、房门组成为中国古代建筑门的系列。

那么，这些大大小小的门是什么样子的，是怎样建造的，它们在形态上又各有什么不同的特征？这些门除了具有供出入建筑的物质功能之外，是否还有形象上的艺术表现力和精神上的功能？这些都是本书所要介绍和论述的内容。

为了便于论述，本书集中讲的是建筑群体的门，包括城市的城门，宫殿的宫门，整座寺庙、祠堂的大门，一座村、寨的村门、寨门和一处住宅的宅门等，单幢房屋上的房门则另有专著介绍。

3

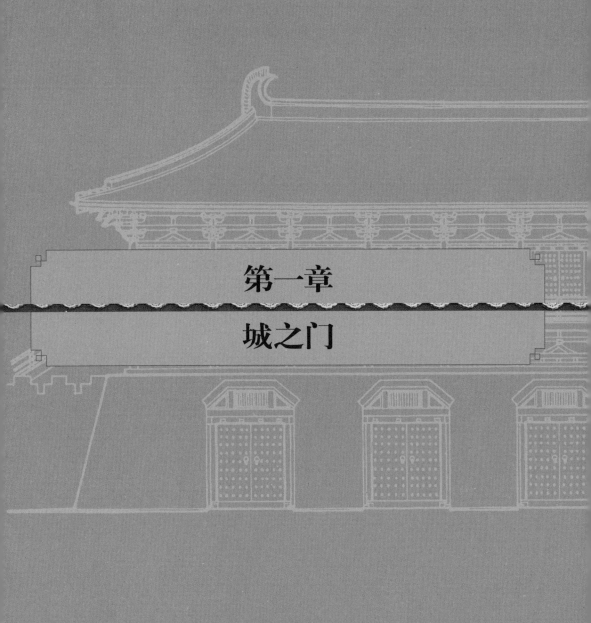

第一章

城之门

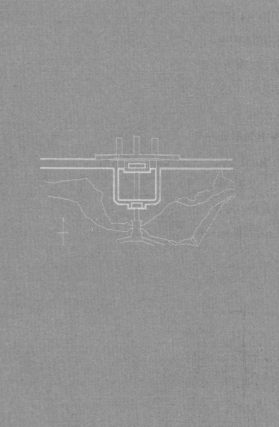

城门历史

考古学家在陕西西安半坡村发掘出一处新石器时代（约1万年至4千年前）的建筑群遗址，在遗址的中心区有四五十座排列密集的住房，它们是方形或圆形的半穴居和地面建筑，在这些住房的中央有一座规模比住房大的方形大房屋。在中心住房区的东面为烧制陶器的窑址，北面为集中的墓葬区，至今还有250多个墓葬。住房区的四周有一条深宽各5~6米的壕沟，沟外和住房区内都散布有作为仓库用房的窑穴。从这些房屋的大小、性能与布局分析，半坡村应该是新石器时代的一处氏族聚落，而住房区周围的那条壕沟估计是为保卫聚落安全用的。在同时期的内蒙赤峰东八家石城遗址四周，有用天然石块堆筑的石墙；辽宁、吉林等地的同类遗址四周也有围墙。这些石墙、围墙、壕沟都可能是用作防卫的设置，但氏族聚落还不是城市，石墙、土墙也还不是城墙。

随着生产力的发展，农业、手工业有了分工，社会的物质生产日益增长，出现了私有制，大约到夏代（约前21世纪—前16世纪），中国古代由原始社会进入奴隶制社会，也就

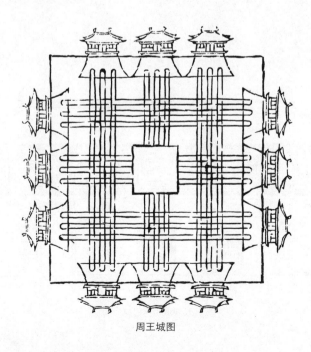

周王城图

是在夏代开始有了城市。《礼记·礼运》篇中记有孔子的一段话："今大道既隐，天下为家，各亲其亲，各子其子，货力为己；大人世及以为礼，城郭沟池以为固，……"意思是原始社会的大同世界解体，天下变为家庭所有的私有制了，社会财富也变为私有财产了，需要有城、郭、沟、池来保护这些财产。这段话也说明了最早城市产生的过程。但目前尚没有发现完整的夏、商时期的城市遗址。关于周代的城市，《周礼·考工记》（成书于春秋战国时期）有一段对当时王城的描绘："匠人营国，方九里，旁三门，国中九经九纬，经涂九轨，左祖右社，前朝后市，市朝一夫。"当时的工匠营造王城，城市为每边九里的方形，每边设有三座城门，城中横向、竖向各有九条街道（也可能是各有三条街道，每条街有三条并列的道路），道路的宽度为车轨的九倍；城中左边有祭祖先的太庙，右边有祭土地的坛；城中前面为上朝用的宫殿，后面有商业买卖的市场，宫殿和市场都为百步之宽的方形。但是王城城墙、城门的具体形象却不得而知。作于五代末宋初时期的《三礼图》则将周王城形象地表现出来，在图上可以看到当时的城门是一座高踞于城墙之上的三开间四面坡屋顶的殿堂，城墙上并列开设三座城门直通三条街道。

　　唐代是中国古代封建社会的盛期，都城长安不仅规模大而且有严整的规划，皇城、宫城位于城中心偏北，城内划分为108个整齐的坊里，城的东、南、西三面各设有三座城门。经过考古发掘的长安城遗址，坊里、道路都很清晰，城墙为夯土筑造，经探测可知

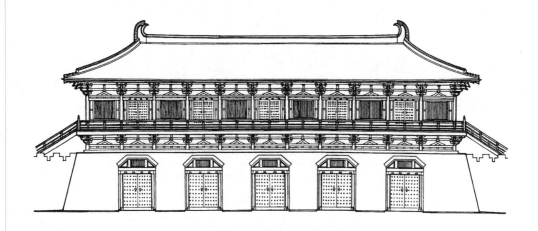

唐代长安城明德门复原图

城墙基宽达9~11米。城门位置亦能确定，各座城门除城南中央的明德门外均设三个门洞，明德门正对长安中央轴线上的朱雀街，直通皇城大门朱雀门，位置显要，因此城楼下设有五个门洞。这些城楼早已毁坏无存，现在根据遗址和文献记载可以绘制出明德门的形象。明德门下面是土筑外包砖的门墩。门墩之上有一层由斗栱、梁枋组成的木结构，称为"平坐"，平坐上建造门楼。明德门的门楼为十一开间，宽近50米，四面坡庑殿式屋顶的殿堂，自地面至屋顶的正脊，高约22米，在当时的长安城的确是一座十分有气势的主要城门楼。唐代除长安外还有东都洛阳和散布各地州、县之城，这些城市有的也经过了考古发掘，但是所有的城门楼都已经不存在了，我们只能从甘肃敦煌莫高窟的唐代壁画上看到它们的形象，其中有3个门洞和两个门洞的门墩，门墩上都有一层木结构的平坐，平坐上建门楼，壁画上两座门楼都是五开间，上面用歇山式屋顶。四面坡的庑殿顶和歇山屋顶是中国古代建筑诸种屋顶形式中最主要的两种式样，由此可以说明城楼建筑在当时城市建筑中的重要地位。

宋代将都城定在东京（今河南开封市），东京城不如唐长安城那样方整，城内街道也不如长安那样规则，由于宋代手工业、商业的发展，在东京城内形成了

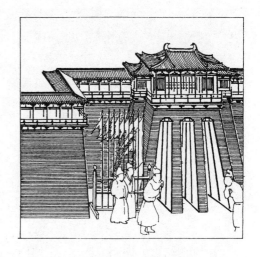

甘肃敦煌莫高窟唐代壁画中城门图

宋代《清明上河图》中汴梁城城门

繁华的商业区,宋代画家张泽端绘制的长卷名画《清明上河图》为我们展示了东京城内当年的繁华景象,画中还有一座城门的形象。这座城门沿续唐代城门的形制,厚实的门墩,开设有单个梯形洞顶的门道,门墩上面有一层平坐,平坐之上是一座五开间四面坡庑殿屋顶的殿堂,整体形象十分端庄而富有气势。

　　江苏苏州是宋代江南地区的名城,在南宋时称平江,是南北大运河的航运中心。一幅保存至今的石刻《平江图》展示出当年平江府的状况。城市整体呈长方形,四周开有五座城门,它与其他城市不同的是城内除了有整齐的街巷之外,还同时有整齐的河道水网,其中有的河道与街道平行,形成为建筑前临街后临河的布局。河道多为人工开凿,它

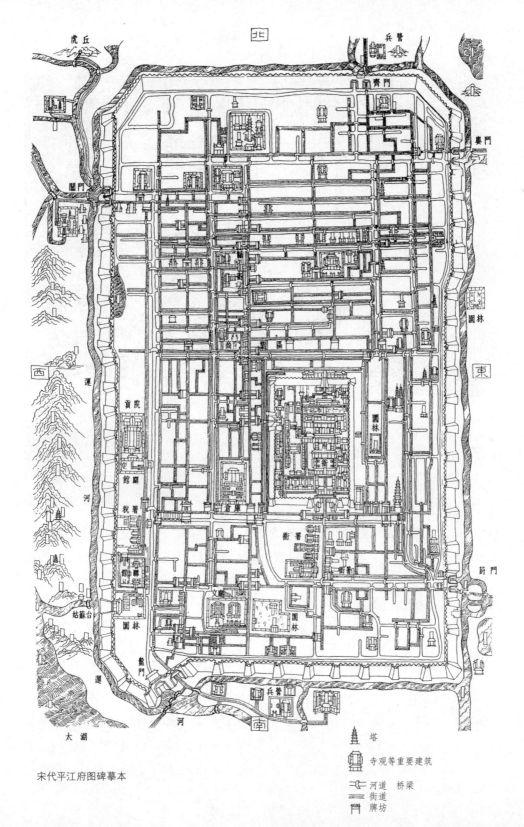

北

兵營

虎丘

齊門

婁門

園林

西

運

東

河

貢院

館驛

稅署

館驛

衛署

衛署

園林

園林

文廟

姑蘇台

園林

盤門

兵營

南

太湖

河

河

閶門

宋代平江府圖碑摹本

塔

寺觀等重要建築

河道 橋梁

街道

牌坊

11

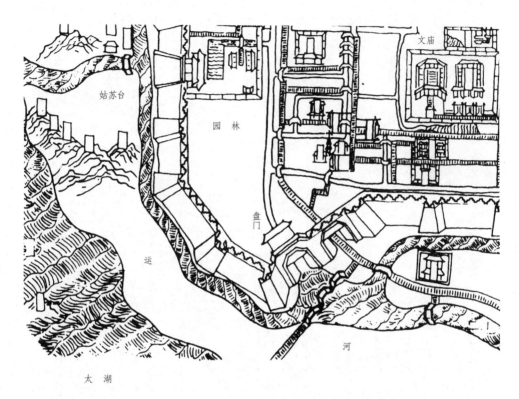

姑苏台

园林

文庙

盘门

运

河

太　湖

江苏苏州市盘门

们与城墙外面的护城河相通，所以几座城门除连通街道的门洞外，还有并列驾在河道
上的水城门。《平江图》虽为平面图，但图上的城墙与城门却呈现出了立体形象：城四周
连绵不断的城墙和等距离突出墙面的墙垛；城墙顶面上有连续的锯齿状的矮墙；城门
门洞上方也是梯形的洞顶；城门上有四面坡屋顶的门楼。

江苏苏州市盘门

城门形制

　　建筑都是有实际功能的构筑物,它们的形象首先决定于建筑本身不同的功能和建造这些建筑的材料以及所采用的结构。一座供人居住的住宅和演戏、观戏的戏院、戏楼,它们的外观是不相同的;同样是戏院,一座中国的木结构古戏台和古希腊石料建造的剧场也具有完全不同的形象。古代的城墙、城门也是一样,它们的形象也决定于它们的功能和所采用的材料与结构。由于古代早期城门留存至今的很少,所以我们只能从绘画、雕刻和文献等间接资料中去认识唐、宋时期城门和城墙的形象。那么,为什么连绵的城墙上会有突出的城垛呢?为什么城墙顶上会出现锯齿般的矮墙呢?城墩上的门洞为什么有梯形的洞顶呢?等等。这些形象自然不是偶然产生或者由工匠任意创造的。

　　城市的城墙和原始聚落四周的壕沟、土墙一样,它们的功能是保卫城市聚落内的人群和财产。在中国两千多年来的封建社会时期,始终存在着外来的侵略和反侵略战争,存在着各个封建王国之间的兼并斗争和社会内部的对立与争斗,在这种情况下,攻城、守城的战略战术历来受到政治家和军事家的重视,他们不断地在研究和创造各种攻、守城的器械和设备,并且在实战中加以完备。战国初期著名的思想家墨子在他的著作中(见《墨子》中《备城门》、《备高临》、《备梯》、《备水》、《备突》、《备穴》等篇)曾总结提出十多种攻城、守城的方法。关于攻城之法,概括起来主要有:

　　临:就是在城外堆筑土山,使攻城军在土山上能居高临下,便于观察和用兵。

　　钩与梯:就是用带钩子的长梯钩挂在城墙上,或者用高云梯近靠城墙,以便攻城士兵迅速登城进攻。

　　堙与水:堙是用土或柴束填塞护城河以使士兵通过。水是临时挖沟筑堤,引水淹塌城墙。

　　冲与突:即用兵车或坚硬器具冲毁城墙和城门,集中兵力突然袭击而攻入城内。

　　穴与洞:穴是从远处挖掘地下坑道,深入城墙之下,潜入城内。洞是在城墙上挖洞破城。

　　针对这些攻城的战术与方法,历代军事家与工匠也同时总结和完善了一套城的设防和守城的器械与战术,主要是:

（一）城墙需要一定的高度与厚度。古代总结出城墙"墙厚以高"的经验即要求城墙的底边厚度与墙的高度相等。宋代朝廷颁布的《营造法式》是一部有关当时建造房屋法规的专著，其中有"筑城之制"的专门部分，书中明文规定："每高四十尺，则厚加高一十尺。"例如城墙高40尺，则墙厚就为50尺，比"墙厚以高"更为加厚了，而宋《营造法式》规定普通围墙为："每墙厚三尺，则高九尺"，墙厚只有墙高度的1/3。宋代以后，火器逐渐使用于战争，在可能遭受火炮攻城的威胁下，加大城墙的厚度更成为防御的必要措施。总之，厚实的墙体可以防止攻城者的撞击和挖掘，它如同一座土坝，也不怕攻方用水淹塌。

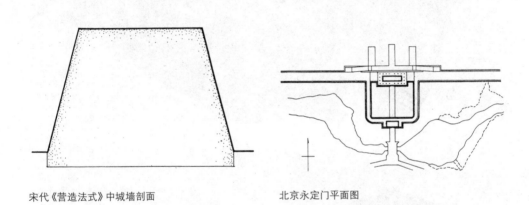

宋代《营造法式》中城墙剖面　　　　　　　　　北京永定门平面图

（二）建瓮城。即在城门之外加建一段城墙，和厚城墙之间围成一块空地，其形如封闭之瓮，故称瓮城，在瓮城墙上也设一道城门。在实际作战时，当士兵出城迎敌则先出城门，将城门关闭后再出瓮城门；退兵时先退入瓮城，将瓮城门关闭，然后再开启城门进入城市。这样可以防止在开启城门时敌方乘机冲杀进城；在退兵时，即使有敌军追进瓮城，则也可将瓮城之门关闭，将这些敌军消灭之后再开城门。这样的措施相当于在城门之外又加设了一道防线。

（三）在城门上建城楼。城楼多数为多层的殿堂，因为城楼高大，既可以登高望远，监视敌军动态，同时还能居高向城外敌军射箭。为了防御敌军接近城墙，有的在瓮城上也建有城楼，楼上设有成排用以射箭的窗口，所以称为箭楼。

（四）城墙每隔一段距离建造突出于城墙之外的马面。马面的功能是能够在侧

15

山西平遥古城门瓮城

平遥城城墙与马面

平遥城城墙雉堞

面抵挡临近城墙和登城墙的敌人，所以两个马面之间的距离约相当于当时弓箭射程的两倍，从而使逼近城墙的攻城敌军全在有效的防御区内。马面的宽度视城墙的大小而定。

（五）城墙上需要有一定宽度的顶面以便调动守城兵力。顶面外侧建有带垛口的矮墙，名为雉堞，它的功能是便于守军从垛口中观察和射箭而避免在射箭时守军上身全部暴露于城墙之上。顶面内侧只有简单的称为女墙的矮墙起到栏杆的作用。在城墙下内侧相应地需要一条畅通的道路，每隔一段距离设有登城墙的马道，以保证军队的调动和物质的及时供应。

（六）城墙外围四周挖掘护城河，河道视城之大小而定宽窄。在正对城门处的护城河上架桥，如果护城河不很宽，这种桥就做成可以临时吊起来的木桥，每当有敌攻城时将木桥高高吊起，临时断绝了河上交通。有的护城河还在河底水下埋设竹钉以阻止攻城敌军过河。

北京城东南角楼

有的城市还在城墙的四角建造城楼，称为角楼。角楼不设城门，只是增加了一个登高瞭望点和一处守城的据点。

　　早期的城墙为土筑墙，唐代已经有用砖包砌在土墙之外的例子，宋代以后用砖、石包砌城墙身的逐渐增多，元代都城大都的四周城墙还是完全用黄土夯筑，到了明代才在土城外包砌城砖。这样的发展，说明了当火炮用于攻城时，土城墙急需加固，同时也说明明代制砖工业的发展才使得普遍用砖筑造城墙成为可能。

　　正是由于上述守卫城市的要求和古时建造工程技术的条件决定了古代城墙、城楼的基本形式与制度。高大的城墙和突出的马面，城墙上成排的雉堞，这是别类建筑所没有的特殊形象，只是城墙上的城楼仍沿用了中国古代建筑传统的式样。一些较重要的城楼，多采用传统的宫殿、寺庙的形式；多开间、多层楼的木结构殿堂；上面覆盖着的单檐或重檐坡屋顶，屋顶上的吻兽装饰；屋檐下成排的斗栱；它们共同组成一座宏伟的城楼。但是居于城楼前方的箭楼，由于其在守城中的特殊防御功能，多层城楼的四周全部用砖墙围筑，并且在每一层的朝向城外的三面都设有成排的专供射箭用的窗口，从而使箭楼产生一种与一般多层殿堂不同的形象，成为中国古代多层楼阁当中一种新的类型。

　　古人常用"金城汤池"来形容城防之坚固，意思是说城墙如金属般的坚实，护城河水如沸热之汤水，敌人难于通过，因而有了"固若金汤"的比喻。

城门实例

在中国两千多年的封建社会时期，出现过大小无数座城市，单以各王朝的都城而言，历史文献和考古发掘向我们显示出：西汉都城长安和隋、唐两代的都城长安都是规模很大的城市，城的四面各有3座城门，城门上都建有高大的城楼；北宋都城汴梁内外有三重城，外城周长19公里，四面共有城门16座，根据文献记载，这些城门都建有瓮城、城楼及箭楼。对于这些城门与城楼，文献上描绘得都十分宏伟与华丽，甚至已经发掘出了它们的遗迹，但是它们的具体形象毕竟不能再现。后人所能看到的古城和它们的城门，就其规模之大和数目之多而言则首推北京城，所以我们选择北京古城城门为例来观察研究古代城门之形制。

一、北京城门历史

元世祖忽必烈将都城迁至大都，于元至元元年（1264年）开始大规模建设都城，经八年而告成，大都城呈南北略长之长方形，除北面有2座城门外，其余三面均有3座城门，四周共有11座城门。公元1368年元亡明兴，明太祖朱元璋定都南京，明大将徐达攻占大都后，将大都城之北部向南压缩了五里，新筑北城墙，仍开两座城门，只是在东、西两面的北端因而各减了一座城门，使大都城四周剩下9座城门，并在城门之外加筑了瓮城，开始用砖包筑在元大都原来的土城墙外皮上，大大加固了城墙的坚实性。明成祖朱棣登位后，将都城由南京迁至大都并改称为北京。永乐十七年（1419年）在大规模建造宫城紫禁城的同时，把原大都城的南墙向南扩推了两里，在新的南墙上仍开设3座城门，全城城门仍为9座。明正统元年（1436年），朝廷下令重建9座城门的城楼与瓮城以及城墙四角的角楼，至正统四年（1460年）修毕。至此，北京城四周有：南面的正阳门、崇文门、宣武门，北面的安定门、德胜门，东面的东直门、朝阳门，西面的西直门、阜成门，共计9座城门。

元大都的规则是"前朝后市，左祖右社"，前为朝政之所，后为商市，当时由南方经南北运河运来的粮食等货物，都是由城南的通惠河北上至什刹海积水潭，在那里形成为一个商业繁茂的商市区。后来由于水量不足，同时北京地区的地势是北高南低，所以

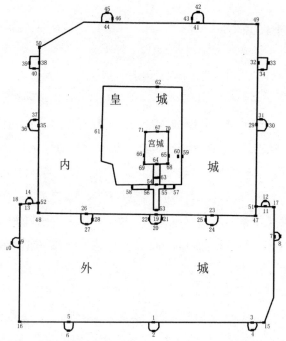

1.永定门城楼 2.永定门箭楼 3.左安门城楼 4.左安门箭楼 5.右安门城楼 6.右安门箭楼
7.广渠门城楼 8.广渠门箭楼 9.广安门城楼 10.广安门箭楼 11.东便门城楼 12.东便门箭楼
13.西便门城楼 14.西便门箭楼 15.外城东南角楼 16.外城西南角楼 17.外城东北角楼
18.外城西北角楼 19.正阳门城楼 20.正阳门箭楼 21.正阳门东闸楼 22.正阳门西闸楼
23.崇文门城楼 24.崇文门箭楼 25.崇文门闸楼 26.宣武门闸楼 27.宣武门箭楼
28.宣武门闸楼 29.朝阳门城楼 30.朝阳门箭楼 31.朝阳门闸楼 32.东直门城楼
33.东直门箭楼 34.东直门闸楼 35.阜成门城楼 36.阜成门箭楼 37.阜成门闸楼
38.西直门城楼 39.西直门箭楼 40.西直门闸楼 41.安定门城楼 42.安定门箭楼
43.安定门闸楼 44.德胜门城楼 45.德胜门箭楼 46.德胜门闸门 47.内城东南角楼
48.内城西南角楼 49.内城东北角楼 50.内城西北角楼 51.东铺楼 52.西铺楼
53.大清门 54.天安门 55.长安左门 56.长安右门 57.东三座门 58.西三座门
59.东安门 60.东安里门 61.西安门 62.地安门 63.端门 64.午门 65.东华门
66.西华门 67.神武门 68.宫城东南角楼 69.宫城西南角楼 70.宫城东北角楼
71.宫城西北角楼

清代北京城门分布图

运河船只难于行至积水潭而逐渐集中于大都城南地区,于是在都城之南发展成了一个
新的商贸区.明嘉靖二十八年(1549年)蒙古俺达部铁骑攻至京城,在城外抢掠财物,威
胁京城安全,嘉靖三十二年(1553年),朝廷下令在都城之外加筑一周外城以加强安保,
原北京城成为内城.工程由南面开始,因工程量大,朝廷财力难以承受,所以南外城修
成后即收工,从而形成北京品字形的平面外形.外城南面开有永定、左安、右安并列三
门;东西两面各开广渠、广安门;在外城与内城交接的两处各设东便门与西便门,由此,
外城计有7座城门.内、外城合计共16座城门。

二、北京城门形制

先看北京内城城门。正阳门位于内城中央的轴线上，位置显要，它由城门楼、箭楼、瓮城和两座闸门楼组成为群体。正阳门为一座七开间加周围廊的两层殿堂，面宽41米，深21米，楼高27.7米，加上城台，自地面至城楼屋脊通高达40.9米。屋顶上覆盖灰筒瓦，用绿琉璃瓦做边。柱子、门窗和墙体皆为红色，屋檐下梁枋用青绿色的旋子彩画装饰，它坐落在高13.2米的灰砖城墙台上，城楼下城墙中央开有券洞门一孔。整体造型宏伟、端庄而不绚丽。箭楼设在正阳门南，楼高四层共26米，面宽七间62米，因附有后抱厦，所以楼深32米，重檐歇山顶，也是灰筒瓦顶用绿琉璃瓦做边。箭楼朝外的三面各层均设箭窗，南面四层每层均为13孔，东西每层4孔，加上后抱厦的箭窗共计94孔。箭楼下城墙中央亦开券门，它与正阳门的券门共处中央轴线上，专供皇帝出入通行之用。每当皇帝出城时迎面见到的是正阳门城楼，回城时迎面见到的是箭楼，这一北一南两座城楼，高度近似，从形象上看，四周围有柱廊的正阳门显得复杂而华丽，但四周皆为砖墙窗孔的箭楼由于附有抱厦而显得更为厚重与敦实。它们二者之间用圆弧形城墙围合成瓮城，南北

北京正阳门与箭楼

正阳门

正阳门箭楼

深85米，东西宽达108米。在瓮城东西两面的墙上各开设有券门，门上建楼称为闸楼。闸楼宽三间高二层，单檐歇山顶，两层楼对外一面各设有6个箭窗。由此可见，正阳门前面的三个方向都有防御的城墙与城楼，加上门前的护城河形成一道很牢固的防线。

　　正阳门以及箭楼、瓮城、闸楼所组成的城门群体，可以说是北京内城城门的一个典型，与它并列的崇文、宣武二门以及内城东西北各座城门，基本都采用这样的

正阳门箭楼夜景

形制，为了叙述的简便，现列表如下：

尺寸单位：米

城门名	面　宽	进深	通高	城楼外貌	瓮城大小	闸　楼
正阳门	七间41	21	40.9	重檐歇山三滴水	108×85	东、西二闸楼
箭　楼	七间62	32	36	重檐歇山顶		
崇文门	五间39	24.3	35.2	重檐歇山三滴水	78×86	西闸楼
箭　楼	略小于正阳门箭楼			重檐歇山		
宣武门	五间32.6	23	33	重檐歇山三滴水	75×83	西闸楼
箭　楼	七间36	21	30	重檐歇山		
阜成门	五间31.2	16	31.7	重檐歇山三滴水	74×65	北闸楼
箭　楼	七间32.5	25.6	30	重檐歇山		
西直门	五间32	15.6	32.75	重檐歇山三滴水	68×62	南闸楼
箭　楼	七间35	27.8		重檐歇山		
德胜门	五间31.5	16.8	36	重檐歇山三滴水	70×118	东闸楼
箭　楼	七间34	19.6	31.9	重檐歇山		
安定门	五间31	16.05	33.13	重檐歇山三滴水	68×62	东闸楼
箭　楼	七间32.5	25	30	重檐歇山		
东直门	五间31.5	15.3	34	重檐歇山三滴水	62×68	南闸楼
箭　楼	与宣武门箭楼近似			重檐歇山		
朝阳门	五间31.35	19.2	32	重檐歇山三滴水	68×62	北闸楼
箭　楼	与宣武门箭楼近似			重檐歇山		

（注：以上材料来自：傅公钺 编著. 北京老城门. 北京：北京美术摄影出版社，2003）

正阳门箭楼

正阳门瓮城及闸楼

　　从以上的数字中，我们可以看到北京内城各座城门的一个总体概况：首先看城楼，这9座城门楼都是二层楼的殿堂坐落在城台之上，它们都用重檐歇山屋顶和三滴水（即上下有三层屋檐）；它们的面宽除正阳门为七间外，其余均为五间，宽度除正阳门与崇文门各为41米与39米外，其余七座均为31米左右；城楼的进深，朝南的正阳、崇文、宣武为20多米，其余各楼均为15米左右；城楼通高除正阳门为41米，其余的均在32~36米之间。再看箭楼，由于它处于城楼之前，是阻击敌军的前沿位置，所以9座城门的箭楼面宽均为七间，宽度都比城楼大，进深因为附有抱厦，所以也比城楼深，高度都为四层，便于多设窗口以利守卫。9座城门均设有瓮城，其大小，除正阳门、德胜门这一南一北两座大门的瓮城分别达到108米×85米和70米×118米之外，其余七座城门的瓮城均在60米×80米左右。瓮城上的闸门、闸楼除正阳门有东、西两座楼外，其余各门均只设一座闸楼。所以从总体上看，只有正南的正阳门在城楼的体量和瓮城范围上都比其余各城门大，其他八座城楼都十分近似。

北京宣武门

北京崇文门

北京德胜门

北京右安门

29

德胜门箭楼

北京阜成门

北京西直门

北京安定门

　北京东直门

北京朝阳门

　　现在将视线转向北京的外城城门。明嘉靖三十二年（1553年）加建北京外城城墙，同时也建造了外城东、南、西、北四面的7座城门，由于当时朝廷财力所限，这7座城门只有城楼，没有瓮城和箭楼。明嘉靖四十一年（1562年）加建了7座城门的瓮城。清乾隆十五年（1750年）又加建了7座城门的箭楼。尽管经过明、清两代几次的加建、修缮使外城各门的防卫设施得到加强，但是这些城楼、瓮城、箭楼仍不如内城城门的规模。外城南墙正中的永定门位于北京南北中轴线的起点，无论从防卫和礼制上都处于重要位置，因此在清乾隆三十一年（1766年）又按内城城门的形制重建了永定门的城楼和箭楼，重建后的城楼改为两层的重檐歇山三滴水的殿阁，但是它的面宽只有五间24米，进深10.5米，通高26米，其大小几乎只有正阳门的一半。永定门的箭楼体量更小，还不到正阳门箭楼的一半，其大小与永定门城楼也不相配。除永定门之外的几座城门楼和箭楼体量也小，与永定门并列左右的左安门和右安门，面宽都只有三间16米，进深9米，通高15米；外城东西两面的广安、广渠门面宽三间13.8米，进深6米；至于东便门、西便门的体量就更小了。这七座门的瓮城均没有闸门，只在箭楼下中央开设城门以通内外。

北京内外城的这些城门，经过明、清两代的陆续修建，共有城楼、箭楼和闸楼42座，它们的体量有大有小，但都是耸立于城台上的楼阁，它们环绕在城的四周，以城墙相连，正如建筑学家梁思成先生所形容的，城墙好比是古城北京的一条项链，这些城楼就是这条项链上的颗颗宝珠，它们与城内的北海白塔、妙应寺白塔、天宁寺砖塔等高耸的建筑组成北京的独特风景线，从而成了北京古城的一个标志。这种独特的景观早在元大

北京永定门

北京广安门

北京广渠门

北京东便门

都时即已形成，意大利旅行家马可·波罗曾对当时的大都有这样的描述："四围的城墙共开十二个城门，每边三个，每个城门上端以及两门相隔的中间，都有一个漂亮的建筑物，即箭楼，……"（见《马可·波罗游记》第二卷第十一章）

北京内、外城的这些城楼随着历史的进程，不断地遭到改建和拆除。1900年帝国主义八国联军在攻占北京时，用炮火击毁了朝阳门箭楼，烧毁了正阳门城楼。1901年义和团在"灭洋"运动中烧毁卖洋货的商铺时不慎又烧毁了正阳门箭楼。在八国联军侵占北京之前，慈禧太后带着光绪皇帝出德胜门仓皇逃离北京城；1902年慈禧太后回北京时却从正南面返归紫禁城，此时正阳门的城楼和箭楼均已被毁，清廷为了迎接慈禧太后，特地在正阳门被烧毁的城楼废墟上搭起一座临时的五开间大彩牌楼，此时此景，真不知慈禧心中有何感触。清朝廷被推翻后，历史进入民国时期，随着京城的变化，1915年开始修建环城铁路，从正阳门起沿着内城四周，各城门的瓮城均被打通，瓮城城墙也逐渐被拆除。1949年新中国成立之后，北京城开始了大规模的建设，从20世纪的50年代开始直至60年代后期，北京修建环城地铁，这16座城门加上内外城四角的角楼，一座一

1901年被烧毁的正阳门箭楼

座相继被拆除，如今仅剩下正阳门城楼与箭楼、德胜门箭楼和内城东南角楼这几座了。2004年，为了保护和恢复古都北京的中轴线，北京市政府决定按原状复建永定门城楼，现在已经建成，但此楼非原楼，其价值也就不相等同了。

1902年正阳门城墙上的彩牌

1915年北京修环城铁路后的朝阳门

复建的永定门

河北山海关东门

　　中国历史上的历代王朝在全国各地建立过无数的城市，在这些城市的周围大多数都筑有城墙和城门，它们都经历过由土城墙到砖、石包砌的城墙以及由单纯的城门到建起城门楼、瓮城、箭楼的过程。如今，随着岁月的流逝和时代的更替，这些城墙和城楼大部分都已消失或者只剩几段残迹，保存完整的已经很少了，其中陕西西安、山西平遥、辽宁兴城等几座城市的城墙、城楼得以保全，算是很难得的了。尽管这些城墙、城楼如今已经失去它们原来保卫城市的物质功能，但是它们所具有的历史价值却是永恒的。

陕西西安古城西门

云南大理古城门

辽宁兴城古城门

城门艺术

在艺术的分类中，将建筑和绘画、雕塑归入造型艺术类，所以谈城门艺术首先是城门形象本身所表现出来的艺术性。前面已经介绍了城门城楼形态的特殊性：一座殿堂高踞于城墙之上，尽管这些殿堂多采用传统建筑的形制，但由于中国疆域辽阔，各地区所用材料和传统技艺的不同，加上文化、习俗上的差异，使这些殿堂表现出千姿百态的面目，尤其是瓮城上的箭楼更具有与一般殿堂不相同的特征。箭楼上设一排排整齐的窗口，有的还在窗口板上画上圆形炮口，红色窗口板，黑色的炮口，四周绕以白圈，它们好似守城军士警惕的眼睛，显得十分醒目和神秘。

河北山海关东门箭楼

甘肃嘉峪关城关

　　中国建筑以群体为特征，这些群体依靠布局上的变化、个体建筑的造型，创造出或宏伟、肃穆或平和、幽寂的不同的艺术氛围，但总体环境上往往缺乏突出的制高重点。北京紫禁城前朝部分的重点——太和殿本身高度不足30米，连同殿下的三层台座的高度才达到37米，这还形成不了建筑群中心制高点，人们在紫禁城外还不能见到这座居于中心地位的重要大殿。大家能见到的是紫禁城前后左右的四座宫城城门和位于紫禁城墙四个角上的角楼。所以城门城楼以它的高度进一步发挥了它们的艺术表现力。作为元、明、清三朝都城的北京，有中心区皇城、宫城的一片宫殿，有在皇城四周成片的胡同中的四合院住房，但是它们绝大多数都是平房，只有内外城上的十几座城门楼和箭楼以及散布于城里的少量佛塔才具有高耸的身影，正是这些楼、塔构成了古老北京城的天际轮廓线。山西平遥古城也是以四周的城楼和城中心的市楼组成古城的轮廓。而且这些城楼与钟楼、鼓楼、佛塔相比，它们的位置都在城市四周，当人们从四面八方来到这座城市，首先迎面见到的就是这些城门与城墙，它们好比一座住屋的大门，具有"门脸"的作用，由于这些城楼所具有的特殊形象，使它们往往成为一座城市的标志。甘肃酒泉县的嘉峪关是明代万里长城西端的终点，这座城关并不大，城关之西的柔远门城楼高达三层，形象十分突出，成了这座城关的标志，在四周茫茫戈壁滩上，在远处白雪皑皑的祁连山衬托下，组成迷人的塞外风光。

这种高大的城楼除了构成为艺术形象之外，还为人们提供了登高望远的场所，历史上有多少文人墨客登城楼，观远景，触发情思，因而咏出感人的诗篇。

"金陵夜寂凉风发，独上西楼望吴越。白云映水摇空城，白露垂珠滴秋月。"这是唐朝诗人李白于秋夜月下登金陵（今南京）西城楼，眺望吴越故址，激发出思古幽情而咏出的诗篇。

唐朝政治家柳宗元官至礼部员外郎，因参与政治改革，失败后被朝廷贬至广西柳州任刺史，他登上柳州城楼，极目远眺，触景生情，写出了"城上高楼接大荒，海天愁思正茫茫。惊风乱飐芙蓉水，密雨斜侵薜荔墙。岭树重遮千里目，江流曲似九回肠。共来百越文身地，犹自音书滞一乡"的千古诗篇。

明代诗人张佳胤在《登函关城楼》诗中写道："楼上春云雉堞齐，秦川芳草自萋萋。喜看雨后河流急，青入窗中华岳低。"在诗人眼里，天上的春云与城墙上的雉堞相齐，远处的青山纳入城楼窗中，连西岳华山都显得低矮了。

在这里，无论是金陵的城墙，还是柳州、函关的城楼，它们本身并不能产生诗意，这些诗所表达的都是人的情思，而情思是因人而异的，即使是同一个人，也会随着他本人的年龄、所处的环境、地位的变化而产生不同的思考和情感。柳宗元因自身的遭遇，因而表达出他的愁思像海天那样茫茫无边，他的愁肠如弯曲的江河无尽无休。而张佳胤只是借自然环境描绘出函谷关的高峻与险要。古代的城墙、城楼都是因防卫来犯之敌而设置，伴随着它们的应该是战争和灾难，那灰暗的土城砖墙，曾经经受过无数次的冲击，多少炮火自雉堞中喷出，多少飞弩利箭自射口中射出，那四边的护城河里又流淌过多少军士的鲜血，如今，这一切都随着历史的岁月而逝去，剩下的只是一处历史与文化的陈迹。正是这些陈迹为文人墨客提供了一个平台，它们成为诗人的一种凭借，一种可以作为比兴的实体，它可以使诗人触景生情，书写出感人的诗篇，使人们从自己创造的物质环境中获得一种比物质生活更高的、更为丰富的精神享受。

一座城市的城墙、城楼总是和这座城市有着共同的命运，经历过共同的兴衰历程，所以城墙、城楼总会表现出历史的沧桑，它们和其他建筑一样，都具有记载历史的功能，都是凝固的史书的一部分。

北京天安门的物质功能只是明、清两代北京皇城的大门，因为处于正南，位置特别显要，因而在形象上十分宏伟，九开间的大殿坐落在高大的城台之上，有着重檐歇山屋顶、黄色的琉璃瓦、大红的柱子和城台、青绿色的彩画，处处都有金色的装饰，使天安门崇伟而且华丽，集中地显示出那个时代建筑技术和建筑艺术的高度成就。但是除此之外，天安门同时还经历和记载下了一幕幕、一桩桩历史事件。从明永乐十八年（1420年）建成之后，每逢皇帝登基和册立皇后的大典，都要在天安门举行隆重的颁诏仪式。此时，在天安门城台的正中设立专门的宣诏台，用木雕的金凤口衔诏书由滑车系至城台下，在明代则用龙头竿由彩绳系下，由礼部官员手托饰有朵云之盘承接诏书，放入龙亭，抬送至礼部，用黄纸誊写后分送各地，这样的仪式，称为"金凤颁诏"。1911年12月15日，隆裕皇太后也正是在天安门颁布清末代皇帝溥仪退位的诏书，从此宣告了封建皇朝在中国的终结。所以一座皇城大门，经历了明、清两代24位帝王的兴衰与荣辱。1900年天安门又目睹了帝国主义八国联军从这里进入侵占了紫禁城；辛亥革命之后，又经历了1919年的五四运动；1935年12月9日，北京爱国青年学生在天安门前举行了声势浩大的游行，要求政府抗击日本帝国主义强占东北侵略我国的罪行，这次运动被称为"一二·九"学生运动，极大地推动了全国的抗日运动；1949年北京被定为新中国的首都，天安门被选定

北京天安门

天安门城楼上的国徽

大安门节日景象

天安门夜景

为举行开国大典之地，正是在天安门城楼上，毛泽东主席向全世界宣布中华人民共和国中央人民政府成立，在中国历史上掀开了崭新的一页。所以，一座天安门前后经历了封建王朝、民主革命和社会主义革命几个时期，它记载了历史，见证了历史，它已经不是一座单纯的皇城大门了。正因为如此，天安门的形象才被用在社会主义共和国的国徽之上，成为共和国的一个象征。从此，天安门以及它前面的广场成了首都北京的政治中心，全国人民向往的中心场所。

也许天安门是个特例，但它告诉我们，一座座古城门、古城楼它们的艺术价值不仅仅表现在外在的形象上，更多的是它们所记载的历史内涵，这种内涵所具有的历史与美学价值，比起它们原有的物质上的防御价值，更具有长远和深层的意义。

第二章

宫之门

中国古代将封建皇帝专用的建筑称为宫殿。为了满足帝王多方面的物质需要和显示封建王朝的威势，宫殿不仅规模宏大，而且都很讲究。各代王朝多花费大量财力与人力，采用当时最好的材料、最先进的技术，集中最优秀的工匠来建造这些宫殿，因此可以说，各个朝代的宫殿反映了一个时代建筑技术与建筑艺术的最高水平。

秦始皇统一六国后，在都城咸阳大建宫室，先有信宫、甘泉宫与北宫，后又建规模更大的朝宫，以它的前殿阿房宫为中心，建造起包括离宫别馆在内的庞大建筑群。汉代又以咸阳为都城，又重新建造了未央宫、长乐宫和桂宫等一批宫殿。隋、唐以长安为都城，唐长安城有严整的规划，其中的宫城位于城之北的中部，南面的正门为承天门，沿着承天门的轴线建有门与殿十多座。之后又在长安城北另建了大明宫。北宋将都城定于汴梁（今河南开封市），根据文献记载，汴梁有外城、内城和宫城三重城，宫城位于内城中央偏北，四面各设有一座宫城门。元世祖忽必烈把元代都城由上都迁至大都（即今北京），并按照古代汉族传统的都城布局设计，经八年建成大都城，城内皇城、宫城居于城中心偏南，从此奠定了明、清两代都城规划的格局。

纵观中国两千多年封建社会的历史，自秦、汉经唐、宋至元、明、清，经历了多少个朝代的更替，多少座宏伟的宫殿建起又被毁灭，如今只剩下明、清两代留下来的北京紫禁城这样一座完整的宫殿建筑群了。

北京紫禁城之宫门

北京紫禁城建成于明永乐十八年（1420年），以后虽经明、清两代多次修建和增建，但始终保持着原来的布局。紫禁城占地72万平方米，宫城内有近千座建筑，它们围合为大大小小的四合院，组合成庞大的宫殿建筑群。正因为如此，才出现了各种宫城门、院落门，它们大小不同，形式多样，形成了紫禁城中门的系列。为了说明这些门的形制，有必要把若干有关中国古代建筑最基本的名称与概念予以说明。

关于"间"或称"开间"：间是中国古建筑最基本的单元。因为中国古建筑采用的是

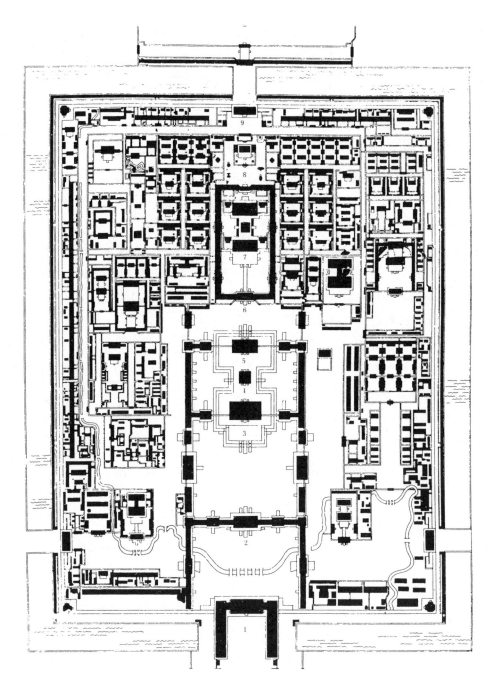

1.午门 2.太和门 3.太和殿 4.中和殿 5.保和殿 6.乾清门 7.乾清宫 8.御花园 9.神武门

北京紫禁城平面图

木结构，是由立在地面上的木柱子和水平架在柱子上的木梁枋构成房屋的框架，这样，四根柱子和上面的梁枋围合成的空间称为"间"，它既是房屋最基本的空间，也是房屋的基本单元。一幢房屋面积的大小等于房屋的横向宽度（称为"面宽"）乘以它的纵向深度（称为"进深"），而中国古建筑多为面宽大于进深的横向矩形，因此面宽成了房屋大小的决定因素。而面宽是由房屋的间数决定，两根柱子之间为一间（或称一开间），间数越多，房屋越大；在间数相同的情况下，间越大，房屋面积也越大。所以通常即以间的数量来表明房屋的大小，而绝大多数房屋多呈单数开间，以便于在房屋的中央位置即在中心开间处开门，因此面宽五间的房屋比面宽三间的大，面宽七间的比五间的大，等等。在以礼治国的古代中国，所用房屋的大小也成为区别官职高低的标志，在朝廷的有关规定中，这种房屋大小就是用面宽的开间数来表明，例如明代规定：公侯房屋前厅面宽七间；一品至五品官，厅堂五间；六品至九品官，厅堂三间。

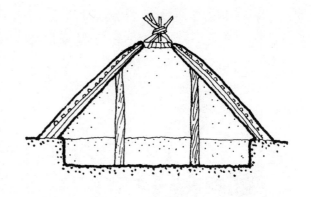

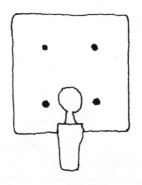

中国古建筑构架图

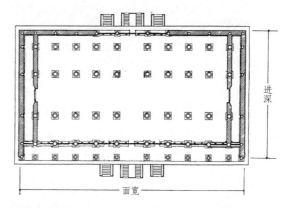

古建筑平面图

关于屋顶的形式：中国古代建筑由屋顶、屋身、台基三部分组成，其中以屋顶部分最复杂，最费工夫也费材料。古代工匠在长期实践中创造出多种不同形式的屋顶，其中以硬山、悬山、庑殿与歇山四种屋顶最常见。

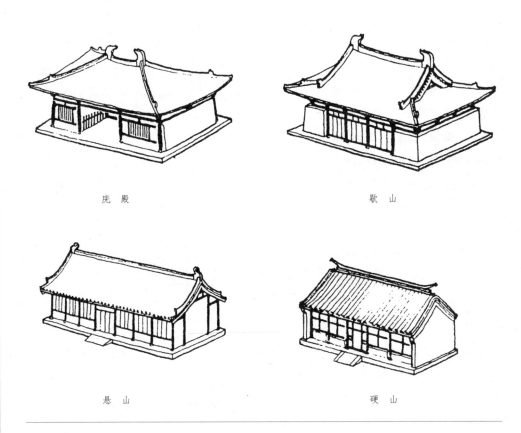

庑　殿　　　　　　　　　　　　　歇　山

悬　山　　　　　　　　　　　　　硬　山

古建筑屋顶形式图

硬山式屋顶：屋顶为了便于排除雨雪，所以多采用斜坡形式。硬山屋顶即为前后两面坡，侧面呈人字形的屋顶。屋顶的前后檐伸出屋身墙面，而屋顶的左右两侧则与屋身墙体相连。在北京、河北、山西等北方地区的四合院住宅中多用这种屋顶。

悬山式屋顶：也是一种两面坡屋顶，与硬山式屋顶不同之处是除前后檐伸出墙体外，屋顶的左右两侧也挑出墙体之外。

庑殿式屋顶：是一种四面坡的屋顶。四面斜坡，相交成中央一条屋脊，称正脊；四面斜向的四根屋脊，称戗脊。所以庑殿顶也称为五脊屋顶，它的结构比硬山、悬山屋顶复杂，形象也更为完整。

歇山式屋顶：这种屋顶相当于一座悬山顶架在庑殿顶之上，结构复杂，形象也比较丰富。

以上的庑殿顶和歇山顶又有单层檐和双层檐之分，重檐比单檐的形象自然更富有变化。

在长期的使用中，根据这几种屋顶结构和形象之不同，逐步形成了高低不同的等级，这就是重檐庑殿屋顶最为隆重，重檐歇山屋顶次之，再其次为单檐庑殿顶、单檐歇山顶、悬山顶、硬山顶，由高到低，成为区别建筑等级的一种标志。例如在唐代《营缮令》中有规定：帝王宫殿可建庑殿屋顶；五品以上官的住宅正堂宽度不得越过五间，用歇山屋顶；六品以下官吏至平民住宅正堂只许宽三间，只可用悬山屋顶。

现在我们可以开始介绍和分析紫禁城的各种大门。

一、午门

这是紫禁城南向的大门，由北京皇城大门天安门进去，经过端门，迎面而立的就是

北京紫禁城午门

甘肃敦煌莫高窟壁画中阙门

这座午门。午门的形式和天安门一样，也是一座大殿放在城台之上，组成城楼的形式。但是它与天安门不同的是在横向的城楼左右两侧向前伸出两翼，环抱城楼前的广场，在两翼的城台前后两端各建有一座方形楼阁，两阁之间用长排廊屋相连，这种形式的门称为"阙门"。

　　阙是古代大门的一种形式，早在汉代就有这种阙门，在四川等地留存下来的汉阙就是当年坟墓前墓道的大门。汉阙为石料筑造，所以又称"石阙"，上有坡形屋顶，中为阙身，表面刻有柱子的形式，下为基座。石阙为一对，分列墓道前面的左右，组成墓道大门。在甘肃敦煌石窟的唐代壁画中也见到这种阙门的形式，只是左右两座阙之间已经用城楼相连组成为环抱式的阙门了。据考古学家考据，唐代长安城西内宫的正门、宋汴梁宫城的南正门、元大都宫城的崇天门都是这种形式的阙门，可见这是一种很隆重的大

午门北面

门形式，多用作宫殿建筑群最重要的大门，但是如今留存下来的只有午门这一座宫殿大门了。

　　午门建于明永乐十八年（1420年），后经一次火灾被毁后按原样重建，又经多次重修，但一直保持着原状。它的形式是一座大殿坐落在高大的城墙之上，大殿面宽九开间，上面覆盖着重檐庑殿式黄色琉璃瓦屋顶，这是屋顶中最高的等级。九开间的面宽在宫殿中也算是最多的了，例如天安门、太和殿都是九开间，太和殿在清代重建时加了周围廊才变成十一开间。在正面城门楼两侧伸出的两翼上建正方形阙楼，都用的是重檐琉璃瓦顶，两座阙楼之间连着十三间廊屋，所以从整体上看，午门是一座有五座殿阁坐落在三面环抱形城墙上的大型城楼，因此又称为"五凤楼"。午门造型宏伟而浑厚，确实具有宫城南大门的气势。

　　午门主要功能为出入宫城的通道，所以在城楼下的城墙上开了五座城门，三座在
正面，两座分别在左右两侧，称为掖门。正面三座城门的中央门洞为皇帝的专门通道，
除帝王外，皇后完婚进入宫城时可进此门；各省举人汇集京城受皇帝御试，中前三名状
元、榜眼、探花者出宫城时可行此门，这算是朝廷给予的特殊礼遇了。平日百官上朝时，
文武官员出入正面的东门，宗室王公出入正面的西门。左右两侧的掖门平日不开，只有
皇帝在太和殿举行大朝，朝见的文武官员增多时才使用。另外皇帝在保和殿御试各地举
人时，也因为人数众多而使用掖门，各省举人按在北京汇考时的名次排列，依单、双数
分别进出东、西掖门。五座城门各有所用，按礼制区分得很清楚，所以它们的高低与宽
窄都有所区别，中央门洞最大，左右依次递减。

　　午门除了作为宫门的功能之外，它还是皇帝下诏书、下令战士出征和战争胜利归来
后向皇帝献俘的地方。每当有此类活动时，都在高大城楼之上，大殿正中央的门前特设
御座，皇帝端坐其中，面对着城楼下齐集的文武百官、出征将士，这场面确实有一种威
慑力。

　　民间流传着"推出午门斩首"之说，似乎午门前广场是对罪犯实行斩首的地方，
其实此说并不符合史实。明、清两代，朝廷对罪犯实行斩首的地方是在京城南城的菜

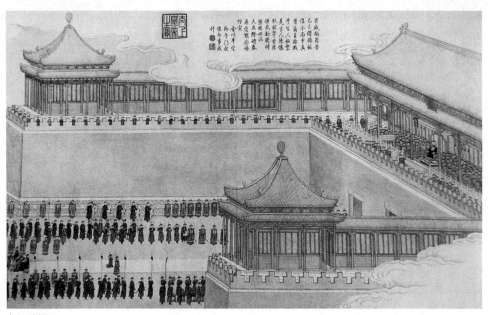

　午门受俘图

紫禁城神武门

市口，离午门还有相当的距离。午门外广场只是对犯法官员执行"杖刑"的地方，据《明史》神宗实录记载，明万历年间，有两名翰林和两名刑部官员先后上书皇帝，状告大学士张居正，这件事激怒了对张居正极度信任的万历皇帝，于是不问是非曲直，一道圣旨把这上书的四名官员押出午门外处以杖刑，其中两名翰林各受杖刑六十大板，并剥夺官职降为庶民。另二名刑部官员因上书言辞激烈而多打二十大板并充军至边远省区，在行刑人的猛打之下，一名犯官还当场昏死。施用这种杖刑，虽然也有因行刑过重而被当场打死的，但也只是偶然发生的情况，因为午门外广场毕竟不是执行死刑的地方。

午门是紫禁城朝南的主要大门，在宫城的东、西、北三面还各有一座城门，它们分别为东华门、西华门和神武门。这三座城门和午门一样都是城楼式大门，只是它们都不是三面环抱式的阙门形式，城墙上的大殿也都用屋顶中的最高等级庑殿式琉璃瓦顶，但面宽都减为七开间。

二、太和门

紫禁城的建筑布局总体上可以分为前后两个部分，前面为皇帝上朝理政的宫殿群，称为"前朝"；后面为皇帝生活居住的建筑，称为"后宫"，或称"后寝"区。前朝区占的面积大，宫殿宏伟，集中体现出封建王权之神威，主要有太和、中和与保和三座大殿，而太和门正是这前朝部分的大门，因此它的地位仅次于紫禁城四面的城门。太和门的形式是一座九开间的大殿，上面用的是重檐歇山式屋顶，按屋顶的等级应该是居于重檐庑殿顶之下的第二级。大殿之下不是城墙而是一层由汉白玉石料制作的台基，台基的正面并列有三个台阶，居中的是专供皇帝上下的御道，这种大门的形式称为殿式大门。在太和门的两侧还设有两座门，东面的称昭德门，西面的称贞度门，都是五开间的殿式门，用单檐歇山式屋顶，在它们和太和门之间用廊屋相连。这两座门在体量与屋顶形式上都比太和门小且低一等级，它们对太和门起陪衬的作用。太和门除大殿本身之外，还在台基前置有四座铜鼎，殿前左右并列铜狮子一对，狮子为兽中之王，性凶猛，多用于建筑大门之前起到卫护的作用。太和门前这对铜狮子高踞于两层台座之上，体量之大在紫禁城内位居第一，增添了太和门之气势。太和门位于午门之北，两座大门之间间隔着一座宽200米、纵深达120余米的大广场，在广场偏南有一条金水河呈弯弓形横列于太和门前，河上架有并列的五座石桥，居中者供皇帝专用，尺寸最大。这条金水河是由人

紫禁城太和门正视

太和门侧视

太和门广场内金水河

工开凿的小河，它为什么会出现在太和门前？这可能与古代的风水学有关。

风水学是中国古代人们选择生活环境的一门学问。自从原始人类在这块土地上开始生活就离不开山与水，原始人类最初食野果和野兽肉，披野兽皮，而山林正是野兽出没处；待人类知道用火，由食生兽肉而变为食熟兽肉，能用泥土烧制陶器，使人类文明有了极大进步，而山林提供了烧火的薪木；人类由居住在地下或半地下的穴居发展至地面上的房屋，也正是山林提供了建房的木材。水更是人们生活和生产不可缺的物质，所以人们在长期的生活实践中总结出背靠山林、面临河水的最佳生活环境，于是"背山面水"成了理想的环境模式，甚至成了生命吉祥的一种标志，在选择村落、城镇时都要寻求这种环境，在寻求不得的情况下也要用人工创造出这种环境以求得平安与吉祥。紫禁城作为一座宫城自然需要这样的吉祥环境，紫禁城居于北京城中央，此地既无山又无天然河流，于是在建造宫城时，把挖掘护城河所得之土在宫城之北堆筑起一座山，引护城河之水入宫城横列于重要宫殿之前，完全用人工创造出背山面水的格局，这就是太和门前出现金水河的由来。这条金水河并不宽大，但两岸均围有汉白玉石料筑造的栏杆，白色的栏杆沿着弯曲的河水，在深色砖砌地面的衬托下，犹如一条玉带镶嵌于广场

太和门前铜狮

之上，所以被称为"玉带河"。

太和门除作为进出前朝的大门通道之外，在一个时期还兼有其他的用途。前朝的太和殿是朝廷举行帝王登基、大婚等重大礼仪以及每逢节日接见文武百官朝贺的地方，此类活动称为上大朝。上大朝礼仪繁多，皇帝亲临大殿，殿前广场上齐集庞大的仪仗队伍，文武百官天明之前即聚于午门外候朝，午门开启后，列队来到太和殿前等待朝圣。这类大朝到明代中期之后有所减少，代之而起的是一种"常朝"，即皇帝不登太和殿而直接来到太和门听取百官禀报政务，下达圣旨。每遇常朝，文武官员也是列队于太和门前金水河的南面，待皇帝驾临太和门、百官跪拜之后，分别过金水桥，由太和门台基的东西两侧，经特设的台阶进到门内朝见皇帝。这种在太和门内听政的形式称为"御门听政"，于是前朝的大门又兼负上朝听政的功能。

一座九开间的殿式大门，坐落在白石台基之上，两侧有昭德、贞度门相衬，前有铜鼎、铜狮点缀，面临广阔庭院，太和门虽比不上午门，但它的确显示出了作为前朝大门应有的气势。

三、乾清门

乾清门是紫禁城后宫部分的大门。紫禁城内前朝与后宫相比，后宫自然居于次要

紫禁城乾清门

乾清门两侧影壁

地位，因此从礼制上讲，后宫的大门也要比前朝的大门低一等级。乾清门也是殿式大门，但它只有五开间，远比九开间的太和门小；屋顶为单檐歇山顶，也比太和门屋顶的等级低；下面的石基座也比太和门的低矮；门前两侧的铜狮子虽然在表面镀了金色，但体量比太和门前的小，其神态也不及太和门前狮子那么雄威；总之，乾清门的形制比太和门要低一个档次。但是作为后宫部分的大门也不能显得缺乏气势，于是在大门的两侧特别加建了两座影壁。影壁是一道短墙，多建立在建筑大门的里或外，正对着大门，在门里的影壁起到遮挡作用，避免路人和进大门的客人一眼望到院内的情景；在门外的影壁起到标志的作用，使路人知道此处有建筑的大门。无论大门里、外的影壁都正对着进出大门的人们，所以影壁上多用装饰，使之成为进出大门首先能看到的一道景观。正因为影壁具有装饰作用，所以除在大门的里、外之外，还将它用在建筑的庭院里，用在大门的两侧。如今在乾清门左右的就是这样的影壁，这里的影壁顶部是四面坡的黄色琉璃瓦顶；下面也是用琉璃砖筑造的须弥座；中间的壁身部分用砖砌造，表面为红色灰面，中心及四个角都有琉璃烧出的花卉，黄、绿相间的花叶在红色墙面的衬托下，显得既鲜艳又生动。经过这样装饰的影壁呈"八"字形设在乾清门的两侧，使这座内宫部分的大门也显得颇有气派。

清代雍正皇帝登基之后，将他与皇后的住处由乾清宫移至养心殿，乾清宫成为日常处理政务的宫殿，但为了精简礼仪，有时也在乾清门听政，内宫大门与前朝大门一样，也成为"御门听政"的处所了。

这类比较隆重的殿式大门除太和门、乾清门之外还有多处。紫禁城东部有一座宁寿宫，这是清乾隆皇帝在位时专门修建的，为自己将来年老退位后当太上皇时使用。宁寿宫规模不小，前有皇极殿和宁寿宫，后有养性殿与乐寿堂，完全像前朝后寝的布局，在这前后两部分的前面各有一座宁寿门与养性门，它们都是殿式大门，尤其宁寿门面宽五开间，上用单檐歇山式琉璃瓦屋顶，下有汉白玉石基座，两侧也用了"八"字形影壁，门前左右设镀金铜狮子一对，其大小和形制与乾清门几乎相同，从这里也可以看到这组

紫禁城宁寿门

紫禁城武英殿院门

宁寿宫建筑群的重要性，显示出乾隆皇帝在当时的权威。

在紫禁城前朝部分的东西两面分别建有文华殿与武英殿两组建筑群。武英殿是皇帝召见大臣议政的地方，文华殿为皇太子读书处，每年春、秋之交，皇帝要在文华殿设"经筵"仪式与百官一起听讲经文。这类与皇帝有直接关系的，比较重要的宫殿称为皇帝的便殿，它们的大门往往也采用殿门的形式。

四、各种院门

在紫禁城后宫部分，除了中轴线上的乾清宫、交泰殿、坤宁宫等几座主要殿堂之外，两旁还有连片的小宫殿群组，其中有供皇帝举行宗教活动的场所和休息、娱乐的园林、戏台，还有供皇后、皇太后、妃子、皇子等居住的宅院，以及各种服务用房。这些建筑虽然规模都不大，但也都自成院落，各设其门以通内外，这种建筑群组院落之门称为院门。

禁止吸烟
NO SMOKING

紫禁城斋宫门

常见的院门形式是两边立砖造门墩，墩子上安放横梁，横梁上安置斗栱与屋顶，横梁下安设双扇木板门，门墩下有一层石造须弥座。同时在门墩的两边各连着一座影壁，影壁也是上有斗栱和屋顶，下有琉璃的须弥座。影壁比门墩低矮，但都高于院墙，它们组成中央高两边低、一主二从的完整院门形式。院门和影壁的屋顶铺着黄色琉璃瓦，屋檐下的斗栱也是由琉璃烧制，横梁外包砌着琉璃砖，门墩和影壁壁身上都有琉璃花卉装饰着中心和四角。这些琉璃构件除瓦顶完全采用黄色的之外，都用黄、绿二色相间，它们与红墙、白基座组合成了鲜艳的色彩，具有很强的装饰效果。这一主二从、造型端庄的院门，加上悬挂在中央屋檐下刻写着宫殿名称的字牌，这几乎成了紫禁城内院门的标准形式。

　　后宫东部的斋宫是皇帝每年出宫祭祀天地、社稷之前在宫城内行斋礼的地方；后宫西部的养心殿是皇帝和皇后寝居的宫殿，清雍正皇帝以后，这里更成了皇帝处理日常政务的地方。养心殿与斋宫这两组重要的院落都用的是这种院门，养心殿门外两侧还加了一对铜狮子，而斋宫门前虽无狮子，却放置了一对铜缸，这是专门用作救灭火灾的水缸，当然宫殿一旦真的失火，这两缸水有如杯水车薪是不管用的，不过它们倒成了门前的装饰品，增添了斋宫院门的气势。

紫禁城养心殿院门

五、随墙门

　　一座紫禁城，前后分为前朝和后宫两
部分，其中又是群组连着群组，院落套着
院落，各群组、各院落之间都高墙壁垒，
所以这些群组的院落的门都开设在这些
墙上。前面介绍的殿式门和院门也都是在
这些墙上的门，不过这两种门都是独立式
的大门，门高于墙，院墙只是在两边连接
着大门。但多数的门是直接开在墙上，只
在墙上开设门洞以通内外，这种开在墙壁
上的门称为随墙门。随墙门形式多样，没
有固定的式样。

紫禁城内随墙门

紫禁城内随墙垂花门

紫禁城内随墙门

最常见的形式是在墙上开方形门洞，在门洞两边用砖紧贴墙面砌出门礅，上面设横梁和屋顶，门礅下有一层石造基座。横梁、屋顶都用琉璃砖瓦，门礅上也有琉璃装饰，它的形象和上面说的院门中央部分几乎完全相同，只不过在这里它不是一座独立的门，而只是一层薄薄的具有院门形式的贴面紧贴在墙壁上。

　　更为简单的是只在墙上开一方形门洞，门洞上方用木横梁，梁外表贴以琉璃砖装饰。这种门多用在一般的隔墙上，而不作为一组建筑群组的大门。

　　随墙门也有比较复杂的。宁寿宫群组的第一道院门皇极门就是随墙门，在高高的院墙上开设并列的三个发券圆拱形门洞，在门洞两侧用砖砌造出门礅，门券上方有琉璃横梁和屋顶。由于中央门洞大于两侧的门洞，因而中央门洞的屋顶也略高于两侧的屋顶，同时在三座屋顶之间又用更低的小屋顶相连，从而使三座门洞联系成为一个整体，形成三门并列，上面有大小7座屋顶的大型随墙门。尽管这些门礅和屋顶只是贴在墙面上的一层装饰，但在总体形象上却比一些独立的院门更加有气势，由此可以看到，随墙门也可以随着建筑的等级和所处的位置不同而采用不同的形式与装饰。

　　如果人们走进午门，经过前朝、后宫，漫步于一组又一组的宫殿之间，将会真正体验到深宫大院的座座宫院和层层的门，欣赏到由城楼门、殿式门、院门和随墙门所组成的门的系列景象。

紫禁城皇极门

皇陵之门

　　在中国历史上，每当一个新的封建王朝建立，大多数的开国皇帝登位之后，在有关建设上的第一件事就是建造皇帝的宫殿，当皇宫建成之后，第二件工程就是建造自己死后的宫殿皇陵。赫赫有名的秦始皇陵就是在秦始皇登位之初就开始建造，因为工程太大，在他死后才完成。明代永乐皇帝朱棣于公元1402年登上王位，决定将都城由南京迁

北京明十三陵石碑坊

至北京，几乎在建造紫禁城的同时就开始在京郊各地寻觅陵地，最后在北京的北郊昌平县找到一处风水宝地，这是一片有天目山脉在西北环抱的开阔地带，在这里不但建造了永乐皇帝的长陵，而且以后相继有十二位明代皇帝的陵墓都建在这里，组成一片庞大的皇帝陵区，开创了皇陵集中建设的先例。公元1664年清军队入关侵占北京，明亡而清立，当时顺治皇帝年方6岁，清朝廷全盘接收和使用了明代的紫禁城，所以无须再建皇宫，于是年轻的顺治即刻开始寻觅他死后的陵地，他带着大臣，骑着马奔驰于京郊各地，终于在北京东面的遵化县找到了他满意的陵地。此后到雍正皇帝时，又因为风水原因重新在北京西面的河北易县寻得一片陵地，因为这两处陵地分别位于北京的东部与西部，因此前者称清东陵，后者称清西陵，从此清代皇帝，分别安葬于东、西二陵，与明皇陵模式一样，组成为两处集中的皇陵区。

一、明陵

位于北京昌平县境内的明陵是一座集中了十三座明代皇帝陵墓的庞大陵区，整个陵区有一组总的入口，它由碑亭、石象生和多层门组成为一组陵门系列。处于最前沿的是一座石牌坊，牌坊或称牌楼，它是一种标志性建筑，它可以用作建筑群体的大门，也

明十三陵大红门

明十三陵棂星门

常用来纪念或表彰某事或某个人物而成为纪念性建筑，所以牌坊的体量多比较大，装饰也讲究，大多立于建筑群之前或通衢大街之口，以发挥它的标志和宣扬作用。明陵前的这座石牌坊面宽五间，全部用石料筑造，完全仿照木结构的形式，六根石柱子上架着石梁、石枋，梁枋之上用成排斗栱支撑着四面坡的庑殿式屋顶。在牌坊基座和梁枋上都有石雕装饰，整体造型简洁而有气势。进入石牌坊就会见到第二道门大红门，这是一座殿式大门，大面砖墙上开有三个并列的门洞，屋顶也是庑殿式。再往后，经碑亭和十八对石象生组成的神道又见到一道棂星门，这是由三座单开间的石牌楼门并列组成的大门，两边连着红色的矮墙，造型没有石牌坊和大红门那么有气势但却显得十分端庄。这就是陵区总入口的三道大门，经过棂星门可以分几条路线分别到达十三座皇陵，现在只介绍其中的长陵。

长陵为明永乐皇帝之陵墓，它是十三座陵墓中最先建造、也是最讲究的一座。陵墓作为皇帝死后的宫殿，自然也有相当规模的建筑群体，也有前朝与后寝之分布。长陵总

明长陵陵门

长陵祾恩门

长陵陵寝门

长陵方城明楼

长陵二柱门

体呈长方形，在中轴线上前后由八座建筑组成为纵深的群体，即陵门、祾恩门、祾恩殿、内陵门、二柱门、石五供、方城明楼、宝顶。其中有门五道，最前方的是陵门与祾恩门，它们都是殿式门，只是前者为砖墙体上开3个门洞，后者为五开间殿堂，中央三开间为门。内红门亦为殿式门；二柱门形式比较简单，只是一道两根石柱子的牌坊式门；方城明楼是在城台上建立碑亭，专门安放书刻有这座陵墓主人皇帝姓名的石碑，因为在城台下开有券门通向宝顶，所以也成了一道城楼式大门。如果打开深埋于宝顶下的墓室，那么在墓室的前后几层殿堂之间还会有多道石门，所以仅以一座皇陵来看，地上地下又有许多道的大门、院门与墓门，它们也有殿式门、城楼门、牌坊门等多种形式，组成为陵门的系列。

二、清陵

说起满族统治者的陵墓，除了关内的东陵与西陵，还有在辽宁新宾县埋葬满族老祖宗的永陵，在辽宁沈阳清太祖努尔哈赤的福陵和清太宗皇太极的昭陵。满清王朝从努尔哈赤起就很重视学习汉民族的传统文化，凡宫室、陵墓的建造均依从汉族统治者的礼制，所以在沈阳的福陵、昭陵中就可以看到石牌坊、象生、碑亭、城门楼、祾恩殿、石五供、宝顶等组成的建筑群体。只不过这些建筑虽也都采用汉族的传统形式，但多还带有一些地域性的特征。清朝入关后建造的东陵、西陵，因为有了眼前明十三陵的样例，所以不但都沿用了明代将皇陵集中建设的模式，而且在陵区的规划、皇陵的布局、建筑的形式都完全仿照了明陵。在东、西陵区都有由巨大的石牌坊、碑亭、石象生、棂星门等组成的入口系列，每座陵墓中也都有祾恩门、殿、琉璃门、二柱门、石

辽宁新宾清永陵门

辽宁沈阳清福陵门

沈阳清昭陵门

河北易县清西陵石碑坊

五供、方城明楼等组成的皇陵建筑群。而且在规模上，地上建筑和地下墓室的讲究程度都超过了明陵，有的入口处建造了三座石牌坊组成为群体，乾隆皇帝的墓室中充满了佛教内容的雕刻，仿佛进了一座石雕的佛堂。

封建皇帝死后的陵墓当然在规模上比不过生前所用的宫殿，但是由众多建筑组成的群体也是颇具震撼力的，它具有一种陵墓特有的肃穆与神圣，而其中一道又一道的牌坊门、大红门、棂星门、院门、城楼门在构成这种环境中起着重要的作用。

沈阳清昭陵方城明楼

清西陵昌陵龙凤门

昌陵琉璃门

昌陵二柱门

清西陵崇陵

崇陵牌楼门

皇园之门

　　历代王朝除了建造宫殿与陵墓之外，总不忘同时建造供帝王游乐的园林。秦始皇在都城咸阳建造的就是园林离宫式的宫殿；西汉在长安城之南建造了规模巨大的上林苑；唐代在宫城内有专门的苑林区；宋代在都城汴梁不但有宫城中的园林，宋徽宗还专门建造了著名的皇园艮岳；元、明、清三代都定都北京，不但在皇城、宫城内筑有专门的园林，而且在北京的西北郊建成了庞大的皇家园林区。但是秦、汉、唐、宋的园林早就湮没在历史的尘埃之中，清代建造的北京三山五园也被英法联军烧毁，如今比较完整留下的只有北京颐和园和河北承德避暑山庄两座皇家园林了。现在我们选择了颐和园来观察和研究皇园之门。

　　中国园林是自然山水型园林，所以如果以园林与宫殿相比，在建筑群体的布局上，宫殿强调的是严肃性，它遵循礼制的规矩，将主要建筑排列于中轴线上，其余建筑分置两边左右对称，井然有序。而园林的总体布局强调的是创造和再现自然界的山水环境，自然环境形态多样，变化无常，从而形成各具特色的景观，因此在园林中，少有完全严整对称的建筑群体。但是皇家园林又具有特殊性，它既是自然山水式的园林环境，同时又需具有皇家建筑之气魄，所以在这些园林中，尤其是在大型的皇园中，常见到有局部的布局严整的建筑群体。颐和园正是这样的园林，它有山有水，万寿山与昆明湖相临相抱，林木葱葱的山岭与辽阔的湖水组成自然的山水环境，宫廷、宗教、居住、游乐诸种不同类型的建筑群组散布在山林之中、湖水之畔，它们的布局有的规划严整，有的灵活多变，从而组成一座景观十分多样而丰富的大型皇家园林。我们所以要花些笔墨把颐和园的总体略作介绍，目的是要说明我们所要研究的皇家园林的门正是这样一座园林中的门，它应该比皇宫、皇陵里的门在形态上更为多样。

　　颐和园地处北京西北郊区，位于玉泉山静明园与圆明园之间，占地290公顷，四周有院墙相围，园内可分为宫廷、前山前湖、后山后湖等几个大的景区，在各个景区中又分布有大小不同的建筑群和个体的景点建筑。现在按整座园、景区、建筑群组这样几个层次来分别介绍它们的门。

北京颐和园鸟瞰

一、园门

颐和园对外的园门有东宫门与北宫门，其中东宫门位于园东部，因为清代皇帝从圆明园来颐和园都进此门，因而东宫门成了主要的大门。东宫门分两个层次，在园门之外约200米处立有一大型木制牌楼，这座牌楼和前面讲的明、清皇陵区前面的石牌楼具有相同的标志性作用。四根立柱三开间的牌楼，顶上有七座屋顶，为了加强牌楼的稳定性，在四根柱子上都加了前后两根戗柱，使整座牌楼造型十分稳重而大方。牌楼红色立柱与戗柱、梁枋和斗栱上绘有青、绿色的彩画，在梁枋中央的前后字牌处分别书写有"涵虚"和"罨秀"二字，"涵虚"意为园内涵有秀丽景色；"罨"字古义为彩色，"罨秀"为彩色图画，也是形容园内如画的风光；简单的几个字即描绘出园中景色之绚丽。木牌楼可以说是东宫门的一个前奏，经过牌楼才到达园林大门。东宫门是一座殿式门，面宽三开间的殿堂，单层歇山式屋顶，下面有一层不高的台基，正面设有上下台基的台阶。

台阶分左右三列，中央部分刻有雕龙，为皇帝专用的御道，两旁的是普通的台阶。台基前左右置有一对守卫大门的铜狮子。大门两侧各设有边门一座，共同组成为东宫门的总体。按礼制，皇园的大门当然比不上皇宫与皇陵之门，因此它在形制上要比宫门和陵门档次低，这从大门的开间数、屋顶形式、台基高低等方面都有所表现。

颐和园另一座园门是北面的北宫门，它直接通向颐和园的后山后湖景区，进门后通过驾在后溪河上的石桥，正面就是建在万寿山后山中央的须弥灵境佛寺。须弥灵境是清朝廷为了民族和睦，团结藏族上层人士而特意修建的寺庙，因此完全仿照西藏地区流行的喇嘛教佛寺的形式。北宫门并非颐和园主要园门，但它却采用二层楼阁式大门，两层五开间加周围廊的殿堂，从形制上看比东宫门还隆重，其中原因有可能是因为它正对着后山上那一组具有政治作用的喇嘛教佛寺，北宫门既为北面的园门，又可视为这组重要佛寺对外的头道大门。

颐和园东宫门前牌楼

颐和园东宫门

颐和园北宫门

二、景区门

皇家园林既为皇帝游乐休息之处，又兼有在这里处理政务的功能，因此皇园不但规模大，而且建筑类型多，在规划布局时多将园内分作若干个景区，在功能、景观上各具特征，使整座园林既统一又富有变化。颐和园从整体上可分为宫廷区、前山前湖与后山后湖三个大区，各区之间有的具有明确区分，有的相互渗透，没有明显分界。

宫廷区：园林本为游乐休闲之所，北京西北郊有山水之利，气温比京城内略低，几座皇园本为皇帝夏季避暑胜地，所以自康熙帝开始大清皇帝每年都有一段时间在这里消夏度日。作为园林，尤其是山水园林，其生活环境自然会比城内宫殿舒适，皇帝往往在这里乐而忘返，不但在园林里消夏游乐，而且还在这里过秋甚至越冬，因此也需要在园林里处理日常政务，接见文武大臣，于是一组朝政的宫殿用房在园林里应运而生，而且这组建筑为了使用方便，多处于园林的主要入口部分，这就是皇家园林里出现宫廷区的原因。单纯的皇园由此而成为兼具理政之用的"离宫型"皇家园林了，当时西北郊的静宜园、圆明园、清漪园，包括远在京城以外的承德避暑山庄都属这类皇园。

颐和园仁寿门

颐和园的宫廷区处于东宫门内紧挨着大门的地方，走进东宫门立即可以见到一座仁寿门，这就是宫廷区的大门，因为这里的主要大殿为仁寿殿，所以称为仁寿门。这是一座两柱单开间的牌楼式大门，门两侧连着砖影壁。单开间的牌楼其规格不高，何以能成为朝政宫廷区的大门，这是因为这里是园林而不是紫禁城，这里强调的是环境的自然而不是建筑的宏伟与气魄；其次，这里的宫廷只是园内的一个区，它的大门理应比全园之大门等级要低，东宫门既为歇山顶，三开间的普通殿式大门，园内的一个景区的门用牌楼形式也算相配的了。好在仁寿门两侧的砖影壁上都用了盘卷的神龙作装饰，算是表现出一点帝王的神威了。

颐和园紫气东来城关

后山后湖景区：前山前湖与后山后湖是园内两大主要的景区，前者通畅开阔，后者收敛幽寂，具有完全不同的景观效果，就在从前山转入后山之际，位于万寿山的东西两端各建一座门楼，东头的称"紫气东来"，西端的称"宿云檐"。这两座景区区界大门都是城楼式门，在城台上建有亭阁，前者为方形重檐亭阁，后者为八角重檐亭阁，城楼门整体造型高耸，屹立于山道正中十分醒目，成为两大景区之间明显的标志。

颐和园宿云檐城关远望

宿云檐城关近景

三、建筑群组之门

　　排云殿建筑群：这是颐和园最主要的宫殿建筑群体。清乾隆皇帝为了在瓮山及瓮山泊建造清漪园提出了两条理由：一是为了清理西北郊的水系河道以疏通对京城的供水；二是为他的母亲皇太后庆贺六十大寿。于是将天然的湖水瓮山泊加大挖深，得以增加蓄水量保证供水，并用取得之土堆高瓮山，在瓮山的中央建造一组佛寺以祝太后之寿。这组佛寺在光绪年间重建时将它的前半部改建为朝宫排云殿，也是慈禧太后举行"万寿节"庆典的大殿。排云殿与佛香阁群组位居万寿山前山中央，依山势而建，由低至高，坐北向南形象十分突出，成为全园的景观中心和颐和园的标志。在这组建筑群体中，位于最前端的是一座木牌楼，它紧临昆明湖滨，四柱三开间，红柱，青绿彩画，中央字牌上题有"云辉玉宇"四字，意为珍贵的建筑与云天一样辉煌，十分形象地赞美了这组建筑。木牌楼之北为建筑群的正门——排云门，这是一座殿式门，面宽三开间单檐歇山顶，门前有一对铜狮子，其形制与东宫门相当，说明这组建筑在全园中的重要地位。进

颐和园排云殿前木牌楼

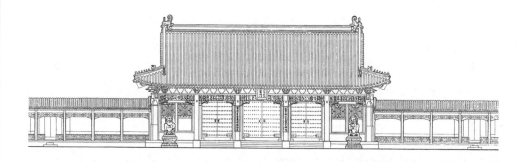

排云门

入排云门经过庭院登上一高台又设置了一道"二宫门"，它与排云殿位于同一台地上，位于大殿前廊屋的中央，它不是一座独立的殿堂，而只是廊屋居中位置的三开间房屋，屋顶高出廊屋以示区别，这样的门称为"屋宇式大门"。排云殿之后为佛香阁，但二者之间有一个很大的高差，所以经台阶爬上佛香阁所处台地，迎面又有一道屋宇式门，它应该是佛香阁四周围廊中央的入口。在佛香阁以北与建于万寿山顶的智慧海佛殿之间，还有一座琉璃牌楼，取名为"众香界"，按佛教教义，这是通向佛国之界门，经过此门即可进入理想之天国，所以"众香界"在颐和园的诸多牌楼中是建得最为讲究的，不但体量大，而且周身上下都用琉璃砖瓦装饰，形象鲜明而突出。这样一组排云殿建筑群体，从南至北，共计有六座门，其中殿式门一座，屋宇式门三座，牌楼门两座，正是这多座不同形式的门将这群处于不同高度的、由昆明湖滨直至万寿山顶的座座建筑联系在一起，组成为完整的群体。

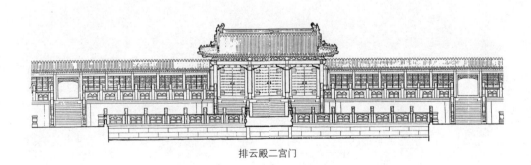

排云殿二宫门

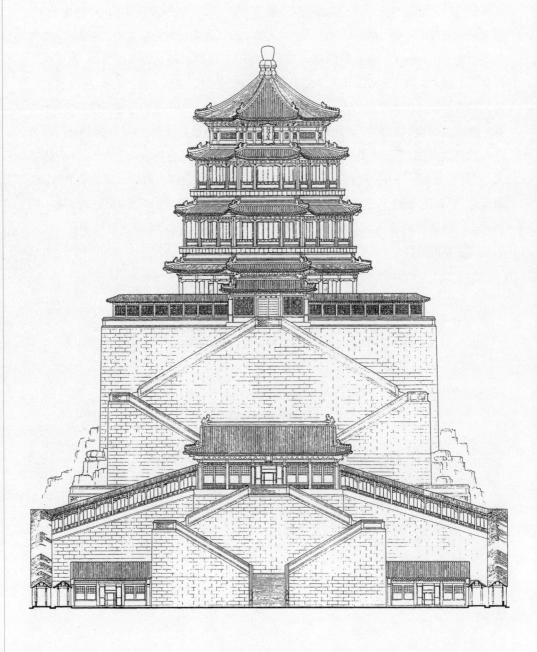

佛香阁前门

颐和园众香界牌楼

五方阁与转轮藏:

清乾隆皇帝笃信佛教,所以在他亲自策划建造的清漪园中,出现了多座佛寺。首先在万寿山前、后山的中央位置都一座规模相当大的佛寺,在前山佛香阁的左右两侧又各建了一座小佛寺,西面的为五方阁,东面的为转轮藏。这两座佛寺规模都不大,几座殿堂分置在不同高度的台地上,布局很紧凑,但它们的入口大门却都有讲究。五方阁中心殿堂是一座完全由铜筑造的方亭,正对铜亭的前方是一座屋宇式大门,门两侧连着廊屋,在大门的前面不远处又建了一座石牌楼,这座牌楼不像其他建筑前的牌楼,四周都有比较开阔的空间,使牌楼能起到标志性的作用,它紧挨着五方阁,而且处于下面一个台地上,空间急促,但却加强了五方阁小寺的重要性。

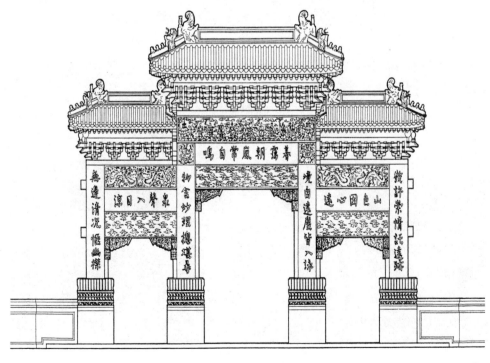

颐和园五方阁前石牌楼

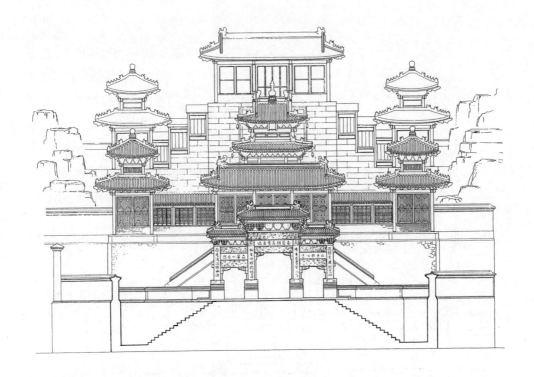

五方阁建筑群门

　　东面的转轮藏由一座正殿、两座转轮藏和一座石碑组成，石碑正面题名"万寿山昆明湖之碑"，背面书刻乾隆皇帝写的《万寿山昆明湖记》全文，这样一座刻着皇帝有关建造清漪园内容御文的石碑自然十分重要，所以石碑不但体量大，造型端庄，而且位居佛寺之中心，碑后面是两层楼的正殿，两座八角形转轮藏分列于两侧，为了突出石碑的地位，在碑前的佛寺大门只是将一座小型的牌楼门放在比石碑低一级的台地上。牌楼两柱单开间，没有鲜艳的装饰，看上去很不显眼，但它却很符合自身所处的地位。

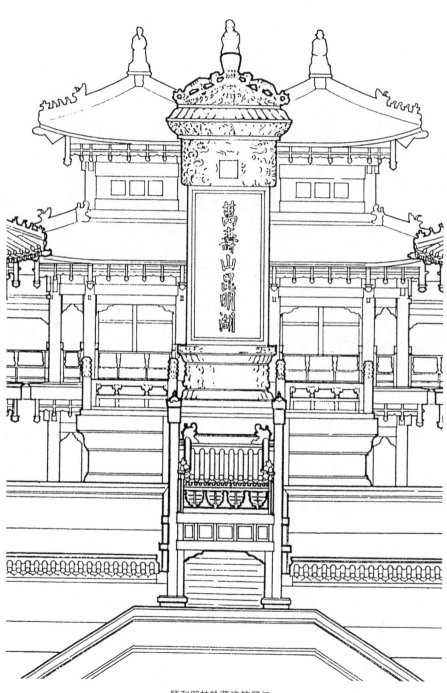

颐和园转轮藏建筑群门

在颐和园西北"耕织图"一带有几组建筑群的大门用的是一种砖筑造的门，它们的形式是用砖砌造一座门墩，门墩上或用发券或用木梁开出圆形或方形的门洞，门墩之上有屋顶，屋顶形式用四面坡或两面坡。因为门洞开在砖墩子上，两边连着院墙，所以把这种门称为"砖洞门"，它虽没有殿式门那样宽大，但造型敦实，比屋宇式大门显得稳重。

在颐和园万寿山的前山与后山还散布着一些供住宿和休息用的小型四合院，它们多采用一种名为"垂花门"的院门，垂花门的形式是两柱一开间，上面有屋顶，屋顶的出檐很大，以便进出大门的人们免遭日晒雨淋，支撑出檐的两根立柱由梁枋承托而不落地，这垂悬在半空中的柱子头多用木雕的花卉作装饰，所以把这种门称为"垂花门"，它的造型比较轻盈而亲切，多用作小院落的大门。

颐和园蚕神庙砖洞门

四、牌楼门

　　在前面介绍过的全园大门和园内诸种建筑群组的大门中,多次出现过牌楼门。牌楼既是一种标志,也是一种门,所以用处比较广泛,除了东宫门、排云门、智慧海、五方阁等处之前的牌楼外,还有不少场所能见到牌楼。万寿山后山须弥灵境佛寺的大门前,分别在东、西、北三面各有一座木牌楼,它们面对着东西方向的山路和北面的宫门,围合成寺庙前的广场。昆明湖中的南湖岛上有一座广润祠,这是专门供奉龙王的庙宇,在庙门前的东、西、北三面也各有一座木牌楼。在万寿山西头有一座荇桥是连通小西泠岛区的主要通道,荇桥的两头也建有一座木牌楼,它们使荇桥不仅为一条通道,而且是桥与牌楼组合在一起成为一处引人注目的景观。万寿山后山东头有一座谐趣园,这是仿照江南名园无锡寄畅园建造的一座园中之园。亭台楼阁围绕着中心的一池湖水,水中有一座

颐和园须弥灵境寺庙前牌楼

颐和园南湖岛广润祠前牌楼

颐和园荇桥前牌楼

"知鱼桥"将水面拦出一角，植以莲荷，小鱼游弋于莲荷下，创造出一处十分寂静而有意境的环境。知鱼桥头建有一座石牌楼，牌楼不大，二柱单开间，既是桥头的入口，又是这一景点的标志。牌坊门的柱子上还刻有一副对联："月波潋滟金为色；风濑峥嵘石有声。"形象地描绘出这里的景色，月光下湖水金光闪烁，风吹水浪击石发出峥嵘之声，真可谓有声有色。一座小牌坊门与特定的环境一起竟能营造出一种特殊的意境。牌楼和前面讲到的大门外的影壁一样，它们都不是一般的房屋，但又不是房屋的一个部分，它们可以说是一种具有艺术形象的小型构筑物，我们将它们称为"小品建筑"，以示与一般建筑的区别。这些小品建筑虽然体量不大，但在建筑群体的组合中却可以起到很好的作用。在颐和园里约有大大小小的牌楼近二十座，其中有琉璃牌楼一座、石牌楼三座，其余皆为木牌楼，它们散布在各组建筑群体中成为一种标志或者大门，而且还构成为颐和园内一种特殊的牌楼景观。

以上介绍了北京紫禁城，明、清皇家陵墓和以颐和园为代表的皇家园林内的各种大门。皇宫、皇陵与皇园都是皇帝专用的建筑，所以将这里的大门统称为皇宫之门。综观这三种皇宫之门，它们之间既有共性又有区别。总体来看，紫禁城与明、清皇陵属于封建皇帝生前与死后的理政、生活与安息之地，其建筑布局强调礼制，表现出十分严肃与规整的特点，这里的各种门既有等级的区别，又具有统一的风格，以保持宫殿群体的完整性。但是皇家园林却不同，它们既是宫殿又是园林，园里的建筑既有宫殿的严肃性又有园林的自然生动性，建筑类型多，形态多样，因此这里的门形态也比较地丰富，从宫殿内常用的城楼门、殿式门，到普通的屋宇式门、墙洞门、随墙门、垂花门，它们共同出现在一座园林里，不但具有通道门的作用，而且还成为一种景观，美化了园林环境。

第三章

庙堂之门

在中国古建筑分类中，我们把在中国传布很广的佛教、道教和伊斯兰教三大宗教的寺观称为宗教建筑；把祭拜天、地、日、月、山、川等神和祭祀祖先以及纪念名人的寺庙、祠堂称为礼制建筑。在中国历史上还出现许多祭拜神龙、喜神、财神等各路神仙的庙宇，它们既非宗教建筑，又不是礼制建筑，不过在这里我们不是研究这些寺庙本身，而只是观察和分析它们的大门形态，所以将以上所列举的宗教、礼制类以及各地神仙寺庙的大门统统归在一起，统称为"庙堂之门"。

宗教建筑之门

一、佛寺门

佛教传入中国后，开始是在中国传统的四合院建筑中进行活动，经过时间的检验，证明这种四合院能够满足各种佛事的要求，因而合院式的建筑群体成了中国佛教建筑的基本形式。在各地留存至今的古代诸佛教寺庙中，最常见到的是一种呈纵向排列的建

山西五台山罗睺寺山门立面

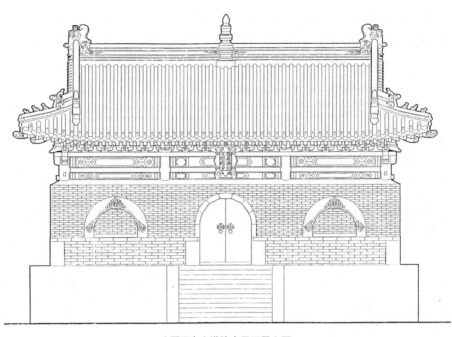

山西五台山塔院寺天王殿立面

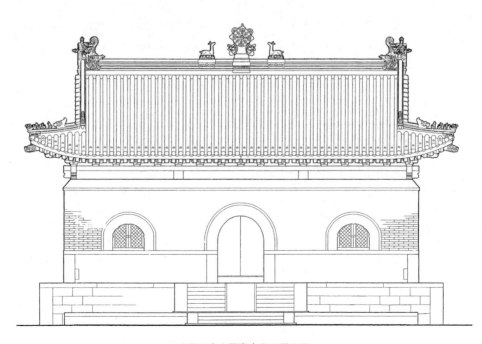

山西五台山罗睺寺天王殿立面

筑群体,即一座佛寺的主要建筑都排列在中央的轴线上,通常的布局是山门、天王殿、大雄宝殿、藏经堂由前至后,有时把山门与天王殿合二为一,两侧配以厢房围合成几个院落,前后串联在一起组成完整的建筑群体。有的寺庙还在山门或天王殿之前设有牌楼,更增添了寺庙的气势。现在列举各地的一些佛寺大门以观察它们的形态。

五台山位于山西省东北部,是我国四大佛山之一,集中了众多佛教寺庙,其中的塔院寺与罗睺寺都是五台山五大寺院之一。塔院寺建筑群最前面的天王殿也是寺庙的大门,面宽三开间,木构架四周围以砖墙,正面墙上开有圆券门与券窗,屋檐下有斗栱支撑着单檐歇山式屋顶,大殿坐落在高达两米的台基上,整体造型稳重而敦实。罗睺寺院的前面院墙上有一座单开间的小山门,而实际上的大门还是处于最前方的天王殿。这座天王殿的造型与塔院寺天王殿基本相同,也是三开间的砖墙,有券门、券窗以及单檐歇山屋顶,只是尺寸略小于前者,在它的屋顶正脊中央装饰有琉璃烧制的双鹿听佛,使整座殿堂在敦实中不失华丽。

普陀山位于浙江舟山县,为海中一岛,也是我国四大佛山之一,岛上现存三座大佛寺和数十座作为尼姑庵的禅院。三大佛寺之一的普济寺最前面的御碑殿也是寺院的山门,五开间的中央三间安有格扇门,屋顶为重檐歇山式,双层屋檐的四角都翘得很高,

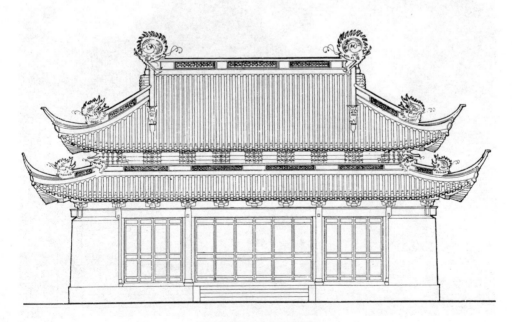

浙江普陀普济寺御碑殿立面

111

在屋顶的正脊两端和八条戗脊上都有灰塑的龙作装饰，正是这样经过装饰的屋顶形成了南方建筑的特有风格，它的轻巧与五台山寺庙大门的稳重形成对比。另一座法雨寺也是天王殿与山门合一，同样是五开间，重檐歇山屋顶，只不过这里的天王殿殿身全包以砖墙，中央开间开有券门。在大殿的两侧还有两座院门分列左右，它们与天王殿组合在一起，仍显示出与北方寺院大门不同的风格。

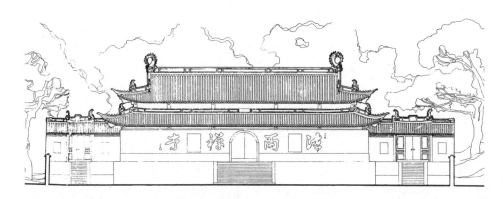

普陀法雨寺天王殿立面

法雨寺天王殿

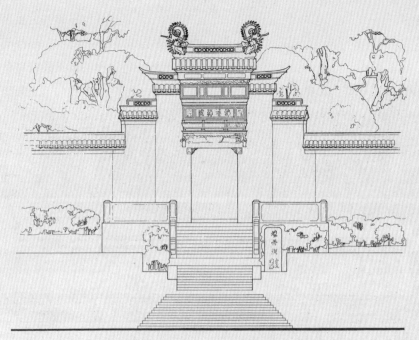

普陀梅福禅院院门立面

梅福禅院院门

普陀禅院院门

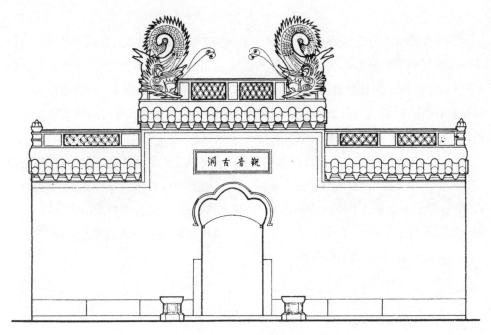

普陀观音洞庵洞口立面

普陀山还有几十座小禅院，为合院式的建筑群体，前面有院墙相围，禅院大门就开在院墙上。它们的做法多是将大门处的院墙升高，门洞上专门用砖和灰塑筑成的门头作装饰，把禅院名称书刻在门头的中央。在素洁的黄色或白色的院墙上挺立着一座座装饰华丽的门头组成了普陀岛上一道醒目而特殊的景观。

普陀禅院院门

四川省的峨眉山是地处祖国西南的另一座著名的佛山，其中的报国寺是位于山脚下的一座规模很大的佛寺，寺院建筑群的最前方为山门，五开间的面阔，中央三开间做成牌楼式的门面，牌楼顶高出于山门屋顶，使山门显得很突出。前后进深两间，大门设置在屋脊下的柱间，门前形成檐廊，这种专门作为山门的殿堂由于设有供奉塑像的功能，所以在总体造型上比那种天王殿更具大门的特征。

江苏苏州的戒幢律寺和浙江杭州的净慈寺都是两地的著名佛寺，两座寺院都是用前面的天王殿兼作山门。戒幢律寺天王殿，是砖造的殿身，并列着三座券门，重檐歇山式屋顶；净慈寺也是砖殿身，中央为板门，两侧各有两座圆形窗，单檐歇山式屋顶。这两座江南名寺虽分处两地，殿身门窗式样不同，屋顶也有单重檐之分，但都是黄墙、黑瓦，都有飞檐的屋角，所以具有同样的风格特征。

四川峨眉山报国寺山门

江苏戒幢律寺天王殿

浙江杭州净慈寺天王殿

云南宾川祝圣寺天王殿

西藏拉萨大昭寺门

　　云南宾川县有一座祝圣寺，三开间的天王殿也是它的庙门，两位天王位居左右，直接面向外界，只用不高的栅栏相隔，中央开间设板门，白墙、红柱、黑瓦，看上去十分空透。四川乐山的凌云寺是建造在凌云山上的一座寺院，沿山坡台阶向上，只见迎面一座

四川乐山凌云寺庙门

庙门，庙门是一座楼阁，三开间，下层为实墙，上层为木格扇，两层高的楼阁更增添了山门的高耸感。这类山门都具有明显的地域特征。

在西藏地区的佛教寺庙由于"政教合一"的制度和当地多山地的特点，佛寺建筑多接连成片而不采用中轴对称的合院形式，而寺庙的山门有的独立，有不少也是与殿堂合二而一。拉萨市著名的大昭寺的大门与三界殿结合在一起，下为门，上为殿，左右与达赖、班禅和摄政王的公署相连，两侧公署向前突出，大门退后，加上屋顶上金色的法幢、卧鹿法轮的装饰，将寺院大门打扮得十分华丽而有气势。

在云南西双版纳傣族聚居的地区信奉南传佛教，这里几乎村村都有佛寺，它们的特点是建筑布局自由，没有明显的中轴，四周用院墙相围，寺门设在墙上，所以尽管有的寺庙供佛像的大殿很大，佛塔也很高，但庙门却不大，多为单开间的亭阁，上面的屋顶做得比较复杂，或为歇山，或为歇山十字交叉，加上屋脊上的小装饰，使庙门具有显著的当地建筑风格。

云南景洪南传佛教寺庙庙门

云南景洪南传佛教寺庙庙门

二、 道教寺观门

道教诞生于中国,道教除了喜欢在城郊山林地区建造寺院以接近自然之外,在布局和建筑形式上与佛寺并没有太大区别。四川梓潼文昌宫,位于县城北之七曲山,又称七曲山大庙。文昌宫供奉文昌帝君,也称梓潼帝君,为道教中神名,主掌人间功名、禄位事,所以各地文昌宫很多,小的只是一座阁楼,大者为建筑群体。梓潼文昌宫依山而建,高低错落,建筑融于山林间,寺院大门是一座五开间三层楼的大殿,中央开间开门,门两侧有抱鼓石礅,门前有一对石狮子,屋檐下挂有"帝乡"的黑底金字名匾,意为这里是梓潼帝

七曲山大庙门前抱鼓石

四川梓潼七曲山大庙庙门

云曲山大庙门前石狮

新疆喀什艾堤卡尔清真寺大门

君居住过的家乡，总体造型十分有气势。

三、伊斯兰教寺门

　　伊斯兰教自唐朝传入中国后，先后在新疆、甘肃、青海、宁夏、陕西一带以及广州、扬州、泉州等当时对外开放的口岸城市得到传播，并建造了一批清真寺。由于新疆地处伊斯兰教沿着古代丝绸之路传入中国的必经之路，而且新疆地区在生活习俗、服饰文化等方面与中亚地区有不少相同或相似之处，因此这里的清真寺多保留着阿拉伯地区礼拜寺的原有形制。新疆喀什市艾提卡尔清真寺是这个地区的中心清真寺,门厅高出两侧的廊屋几乎一倍,厅中央是一个很大的尖形券门,门上面和两旁的墙上有尖券形的壁龛作装饰。门厅两侧的角上各有一座高耸的塔状建筑,圆形的塔身顶端有一座小亭,这是用来登高召唤信徒前来做礼拜用的,称为宣礼塔。这种宣礼塔外表多用彩色瓷砖拼出花纹,十分华丽而醒目。这样的宣礼塔也成为清真寺大门两侧不可缺少的部分了。喀什市还有一座阿巴和加麻扎,这是一座当地著名家族的墓地,里面也设有供做礼拜的清真寺,所以它的大门也是高出的门厅,中央为尖顶券的门洞,门的左右两角附有圆形的宣礼塔,门厅外墙满贴着紫蓝色的瓷砖,显示出一种冷色的华丽,很符合墓地的大门。我们再观察一下吐鲁番郊区的一座清真寺以及许多当地乡村中的清真寺,它们的大门几乎都是这种形式,高高的门厅,中央有尖顶券门,两侧附有高耸的宣礼塔,这已经成为新疆地区清真寺大门的通用形制。

新疆吐鲁番礼拜寺门

宁夏吴忠同心县清真大寺门上装饰

　　但是这样的清真寺到了甘肃、陕西、宁夏等地区就看不到了，这些地区的清真寺多已变成传统的合院式建筑群体。宁夏吴忠市同心县的清真大寺是一座历史悠久的伊斯兰教寺院，它完全采用汉民族传统的建筑形式，整座寺院建造在高达10米的大台基上，大门就开在台基的一面，并列三座圆洞门，台基上有一座两层方形四面坡屋顶的楼阁，在这里，见不到新疆清真寺特有的尖顶券门和壁龛，高耸圆柱体的宣礼塔变成了方形的宣礼楼，只有在门洞上用植物纹样和阿拉伯文字所组成的砖雕保持了伊斯兰教装饰艺术特有的内容与风格。

宁夏吴忠同心县清真大寺门

名人和神仙的庙堂门

　　这一类的庙堂很多,如果把城市、乡村的这类庙堂算在一起,其数量远远超过宗教建筑。名人庙堂中当属孔庙与关帝庙最流行。孔子为儒家学说的创始人,由于历代封建皇帝的推崇,孔子成为古代文人中的最高代表,被尊为"孔圣",供奉孔子的庙也称为"文庙"。关帝即关羽,是三国时期蜀汉刘备手下的一位武将,武艺超群,他对国讲忠义,对民讲仁义,还有济困扶贫的侠义和同生共死的情义,因而有"义绝"之称,越来越受到封建帝王的推崇和广大百姓的喜爱,由一位武将而成为"协天护国忠义帝",于是各地城乡出现了大量关帝庙。

一、孔庙

　　各地兴建孔庙或文庙是提倡文化、注重教育的一种标志,所以留存至今的文庙不

孔庙"太和元气"、"至圣庙"石牌坊

少，最中最重要、规模最大的当属山东曲阜的孔庙。该庙建造在孔子的诞生地，是封建皇帝都要亲临拜祭的一座特殊的孔子家庙。孔庙由南至北，前后通长达630米，在这里我们要观察的是这座家庙的门。设立在孔庙最前列的是一座"金声玉振"石碑坊，其后才是孔庙的第一道大门棂星门，它也是一座石牌坊，但在这里，已经不只是一种标志，而是两侧连着庙墙，是一座真正的大门。进棂星门之后又有"太和元气"和"至圣庙"两座石碑坊，它们的作用是应用牌坊的标志性特点加强建筑群体的纵深感，并通过牌坊上书刻的"太和元气"和"至圣"进一步宣扬孔

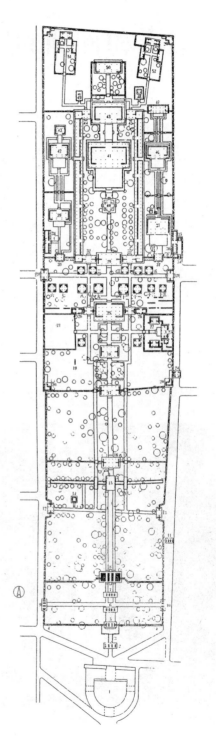

1.万仞宫墙
2.金声玉振坊
3.桥
4.下马碑
5.棂星门
6.太和元气坊
7.至圣庙坊
8.圣时门
9.道冠古今坊
10.德侔天地坊
11.阙里坊
12.仰高门
13.快睹门
14.新建汉石人亭
15.璧水桥
16.弘道门
17.大中门
18.同文门
19.弘治图碑
20.角　楼
21.明斋宿院旧址
22.斋宿所
23.驻跸所
24.钟　楼
25.奎文阁
26.执事房

27.观德门
28.毓粹门
29.大成门
30.启圣门
31.承圣门
32.玉振门
33.金声门
34.孔子故宅门
35.故宅门碑亭
36.礼器库
37.诗礼堂
38.乐器库
39.金丝堂
40.杏　坛
41.大成殿
42.启圣殿
43.寝　殿
44.右掖门
45.左掖们
46.崇圣祠
47.家　庙
48.土地庙
49.燎所、瘗所
50.圣迹殿
51.神　厨
52.神　庖

山东曲阜孔庙平面图

千门之美

● 第三章　庙堂之门

孔庙棂星门

孔庙圣时门

孔庙弘道门

孔庙大中门

孔庙同文门

子和儒家学说。往北是圣时门，这是进入孔庙第二进院落的砖造殿式门，并列三座券门，门前后均设有专供帝王上下的石雕龙阶。圣时门之后又经过弘道门、大中门、同文门三重门来到奎文阁，这是专门收藏历代皇帝赏赐书籍的楼阁。在奎文阁之北，孔庙分为左中右三路。中路为大成门和左右掖门、玉振门与金声门；门内为孔庙中心大成殿；西路有启圣门，门内为祭祀孔子父母的建筑；东路崇圣门，门内为供奉孔子上五代祖先的建筑。一座孔庙在中轴线上，前后就有九座门，其中牌坊四座，殿式门五座。如果加上两侧的掖门和院落两边的门共计有二十一座，这些大大小小的门无疑在孔庙建筑群体的组成中起着重要的作用。

孔庙大成门

山西解州关帝庙雉门

二、关帝庙

关羽自从由人间武将升格为天上的神，其神威得到极大的提升，由单纯保百姓平安的武将发展到能够保佑百姓消灾祛祸、升官发财等无所不能的保护神，于是供奉关帝的庙在城乡大量建立。尤其在农村，一座关帝庙不但供着关公，而且同时还可以供奉财神、土地爷、华佗神等等各路神仙，有时甚至还和佛教中的观音菩萨放在一起，这样一来，更方便了广大百姓多种信仰的需要，所以一座座关帝庙出现在村落的村口，它们和风水塔一样，成为村落不可缺少的风景。

关帝庙有大有小，它们的庙门也形态各异，其中以独立的殿式大门最隆重，例如关帝庙中规模最大的山西运城关羽家乡解州镇的关帝庙大门就是这种形式。其次厅堂屋宇式的大门也很显著，一座门厅，三间或者五间，中央的三间或一间做门廊，屋顶升起开门洞，使庙门很突出。例如广东东莞南社村、山西沁水西文兴村、浙江楠溪江蓬溪村

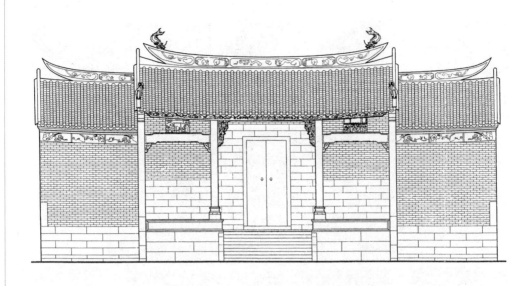

广东东莞南社村关帝庙大门图

等处的关帝庙都是这样的庙门。
更简单的是一些坐落在村路边的
小关帝庙，三间廊房里面供着关
公和他的部将周仓、关平，有的还
加上两间厢房，四周用院墙一围，
百姓进去烧几炷香很方便。这些
庙的庙门就开在院墙上，门上有
高出院墙的门头，它们的形式和
住宅的院墙门没有什么区别。

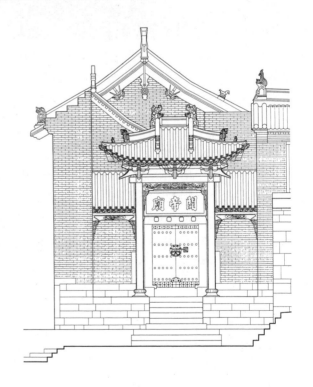

山西沁水西文兴村关帝庙大门图

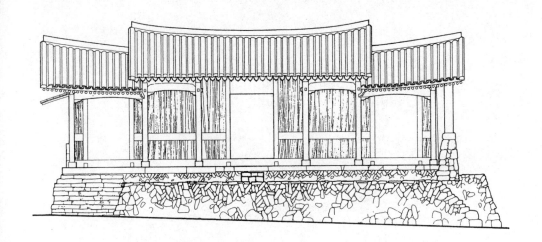

浙江永嘉楠溪江蓬溪村关帝庙大门图

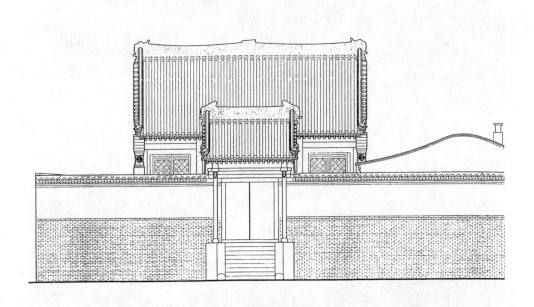

河北蔚县崔家寨关帝庙正面图

137

浙江永嘉西岸村关帝庙正面图

西岸村关帝庙

三、神庙

各路神仙的庙种类繁多，有的属自然崇拜的山神、海神、风神、雨神、土地神等等；有的属神祇崇拜的八仙、月下老人、送子娘娘等；还有民间信奉的酒神、茶神、福神、喜神。这些神仙有的单独设庙，有的合在一座庙内。这些庙的大门形态多样，只能从它们的基本形状举例介绍。

殿、门合一式庙门：山西临县碛口镇位处黄河之滨，是古代货物集散地，商贾们将货物经黄河船运到这里，然后用骆驼、马匹转运至各地，使碛口成了一座商贸繁盛的古代商镇，当地百姓特地在镇上建了一座"黑龙庙"以祈求龙王保佑航运的安全。大庙包括戏台与大殿，建在高高的山坡上，俯视着黄河，很有气势。庙门就依附在两层楼的戏台后墙上，也是双层阁楼，三开间，每一间都设券门，大门连同戏台和两侧的钟亭、鼓亭组成完整的立面。山西阳城郭峪村有一座汤帝庙，也是由一座大殿和戏台所组成，庙门也同样依附在戏台后墙上，墙上设有并列的三座门，用五开间的门廊将它们连在一起。庙门背靠戏台，左右有高达三层的钟楼与鼓楼，这四座殿、楼、廊组合在一起，加上它们

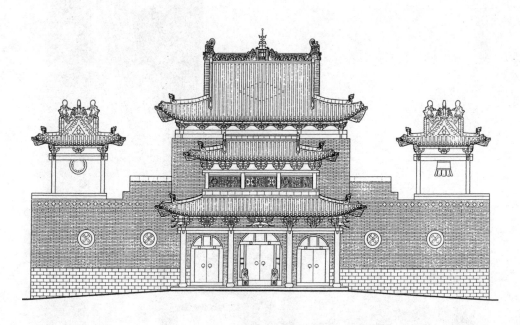

山西临县碛口镇黑龙庙正面图

139

黑龙庙大门近观

碛口镇黑龙庙远望

都用歇山式的屋顶，高大的殿身和高翘的飞檐使汤帝庙显得很气势。四川合江县尧坝镇有一座东岳庙，也有戏台与大殿，庙门也是开设在戏台后墙上，但是三座并列的大门既无楼阁也没有门廊相连，甚至连门头装饰都没有，只有一块不大的庙门匾悬挂在中央大门头上，尽管戏台也很高大，但看上去却十分单调，远不如黑龙庙和汤帝庙的庙门那样显得恢弘而醒目。

　　屋宇式庙门：把庙门作为殿堂、屋宇的一个部分，一般都是位于中央，用大门上起楼阁、门头或大门外加门廊以及大门加装饰的不同方法以突出大门的地位与形象。浙江建德新叶村文昌宫的大门开设在门屋的中央开间，门上起二层楼阁，上覆歇山式屋顶，

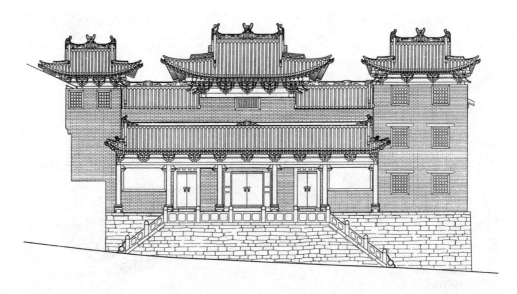

山西阳城郭峪村汤帝庙正面图

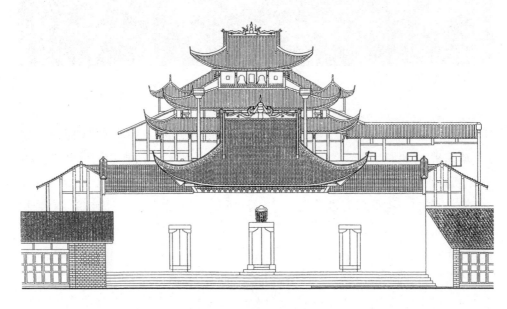

四川合江尧坝镇东岳庙山门图

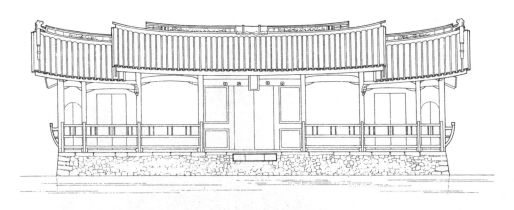

浙江永嘉苍波村仁济庙门图

屋檐下的梁枋上满布木雕，双重屋檐弯成一条曲线，四个屋角高高翘起，直冲云天，把一座宫门打扮得极富情趣。浙江永嘉县苍波村村口有一座仁济庙，庙门开设在门厅的正中，门厅五开间，中央三开间设门廊，廊屋顶高出门厅，门匾高悬门上，庙门也很突出。浙江建德县新叶村的玉泉寺和福建南靖县石桥村的水尾庵，门都开设在殿堂的中央开间，它们既没有在门上起楼阁，也没有在门前加廊屋，玉泉寺只在大门两侧加了八字影壁，门头上突出一道雕花的木梁，使庙门突显出来。水尾庵的大门开在殿堂中央开间，只在门两侧墙上有一处雕饰，大门板上彩绘门神，使庵门也很精神。

仁济庙大门

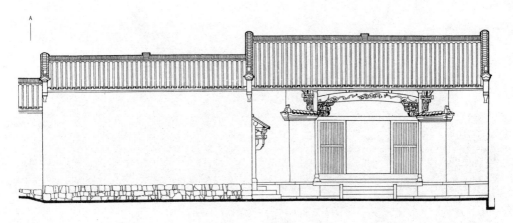

浙江建德新叶村玉泉寺正面图

福建南靖石桥村水尾庵正面图

四川都江堰二王庙山门

牌楼式庙门：这里的牌楼不是具有标志性或纪念性功能的独立牌楼，而是将牌楼贴附在庙堂建筑上作为一种大门的形式。四川都江堰二王庙是纪念古时创建都江堰水利工程的李冰父子的祀庙，主要庙门做成四柱三开间，上面有五座楼顶的牌楼依附在殿堂前，中央开间为门道，门头上挂着书刻有"二王庙"三个字的巨大字牌，庙门高踞山坡之上，前临陡坡，自台阶仰望庙门，显得很有气势。四川忠县石宝寨位于长江北岸，孤峰突出，寨顶有古庙，寨门开设在高耸的寨楼下的寨墙上，由砖石筑成四柱三开间，三座顶的牌楼，立柱和梁枋上均有灰塑的装饰花纹，红砂石组成的大门门框上方字牌处有"梯云直上"四个字，字牌之上用灰塑制成的门匾，上写"小蓬莱"三字，很形象地描绘出了寨楼的险峻和寨顶上的奇特景观。四川奉节县白帝城上的白帝庙的庙门也是由砖石筑造的牌楼式门，除中央的门洞之外，在立柱、梁枋上均布满灰塑制成的瓶花、绳节等装饰，黄色的墙面上配以彩色灰塑，虽没有砖雕那么细致，但显得比较热闹。

四川忠县石宝寨寨门

四川奉节白帝庙庙门

墙门：这是一种比较简单的庙门，大门就开在墙上，讲究一点的在门上有门头作装饰，普通的只在门上嵌一块门匾。重庆云阳县的张飞庙建在长江岸边岩石上，几座殿堂依山势而建，高低错落，组成的建筑群临江而立十分壮观，而祀庙的大门却只是双扇的板门，开在墙上，门头上伸出屋顶，用两根柱子支撑组成小小的门斗，庙门体量不大，但飞檐翘角的门头在白墙的衬托下，倒也很醒目。

重庆云阳张飞庙门

祠堂门

祠堂是专门用作祭祀祖先的建筑，在礼制建筑中占有重要的地位。中国封建社会以礼治国，所以祭祀祖先也有等级的区别。皇帝在太庙祭祖，诸侯、卿、大夫和士这些级层的官可以建祖庙祭祖，唯独作为庶人的百姓不许建庙，而只能在家里祭祀自己的祖先。这种限制到宋代开始有了改变，少数有些声望的庶人也建立了自己的家庙，并且将它称为祠堂。到元代，庶人的祠堂越来越多，明、清之后，终于冲破礼制的限制，民间祭祖的祠堂得以普遍建造。尤其在农村，不论是单姓还是多姓的血缘村落，祠堂成了一座村落不可缺少的公共性建筑。

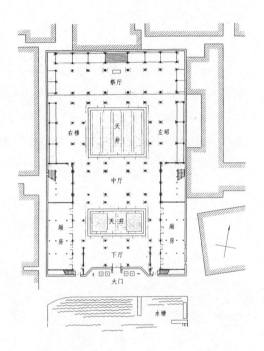

浙江永康吴氏宗祠平面

祭祀祖先的祠堂，平时里面供奉着历代祖先的牌位，每年定时举行隆重的祭礼，宗族正是通过这些活动来达到不忘祖先恩德、增强宗族内聚力的目的。

它的平面布置也是中国传统的合院式，一般都有门厅（或门屋）、拜厅、寝室三座厅堂，由前至后排列在中轴线上，其中拜厅为举行祭祖仪式的场所，寝室供奉祖先牌位，两旁有厢房或廊房与厅堂组成前后两进天井院。有的祠堂设有戏台，则戏台与门厅结合在一起；如果祠堂内附设有供族人子弟学文化的学堂或书院，则祠堂规模加大，或纵深加建厅堂，或左右另加旁院。也有简单的祠堂只有一座厅堂，里面既供牌位又可举行祭祀活动，厅堂前有院墙相围成院。从祠堂的总体看，不论从物质功能还是精神功能来讲，祠堂建筑规模都比住宅大，装修、装饰都比住宅讲究，它的位置多位于村落的中心地区，成为全村的政治和文化中心。

祠堂代表着一个宗族的荣誉，所以十分注意形象的塑造，而这种形象首先表现在祠堂的入口大门上。由于祠堂大门的形式多样，既有规模大小的不同，又有地区的、民族的差异，现在按它们形式和做法归类，各选择若干实例分别介绍如下：

一、院墙门

这是祠堂门中最简单的一类。例如山西临县西湾村陈氏宗祠，三间窑洞房，前面有院墙相围，大门开设在院墙上，门上建一门头，门洞上方有一块门匾，刻写着"承先启后"四个字。浙江建德新叶村有序堂的院门除了门头之外，门两侧加了八字影壁。浙江永嘉西岸村大石祠堂的院门则更复杂一些，大门除门头和两侧影壁外还加建了一间门廊，这两座院门比西湾村祠堂造型要丰富一些。

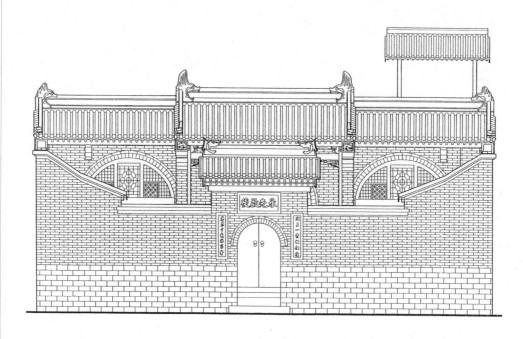

山西临县西湾村祠堂正面

西湾村祠堂

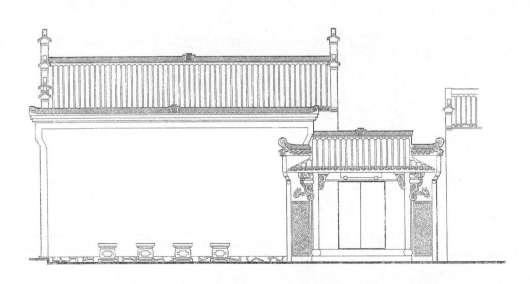

浙江建德新叶村有序堂立面

　　浙江兰溪诸葛村文与堂，是一座宗族房派的小祠堂，堂内只有一座厅堂，堂前有院墙相围，祠堂的正门就开在院墙上。正门朝外的一面用砖门头作装饰，一般的院墙门朝内的一面只有门洞而不再加装饰，但在这里，正门朝里的一面也同样用了砖门头，而且所用砖雕装饰比外立面还要多而丰富，这样的做法称为"双门头"。院墙之外不远的距离又加了一道外院墙，在这道外院墙的一头开设了一座头道门，门外用了砖雕门头，门内加了一座由墙面升出来的木结构坡屋顶，两边有牛腿和斗栱支撑着屋檐。一座小小的房派祠堂，居然有内外两道祠门，而且两道门的内、外两面都进行了装饰。文与堂所属的房派善于经商，在外地开设有药店，经济富裕，所以在一座小祠堂的门脸上也要显示出自己的财势。

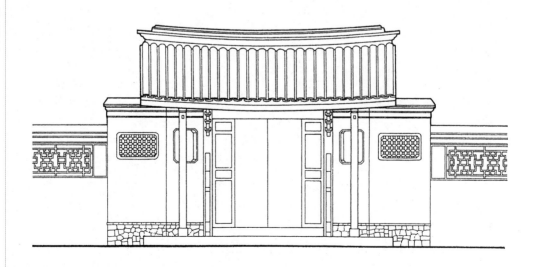

浙江永嘉西岸村大石祠堂院门图

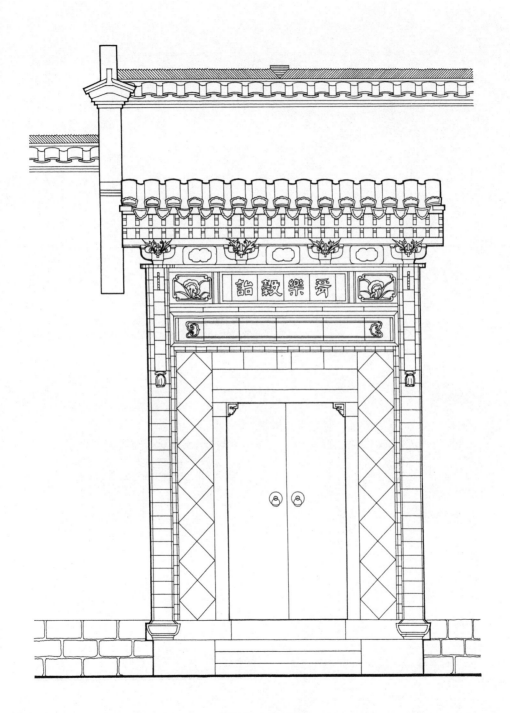

文与堂头道门外立面

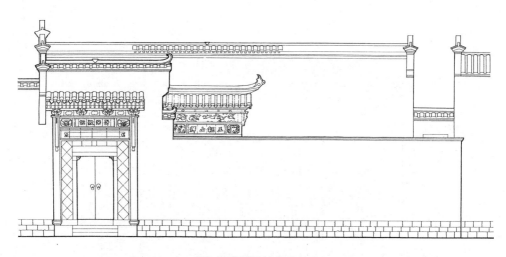

浙江兰溪诸葛村文与堂立面

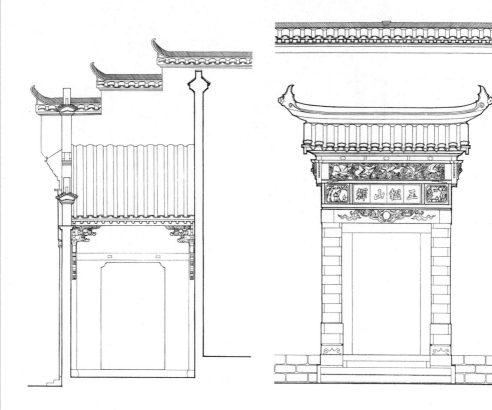

文与堂头道门内立面　　　　　　　　　　　　　文与堂正门外立面

文与堂正门内立面

二、屋宇式门

　　祠堂最前面多为一座门厅或门屋，少则三间，多则五间，它们的功能就是祠堂门，所以称它们为屋宇式的门，当然真正能够供出入通行的是开在正中间的大门。大门的装饰多种多样，简单的只把中央一开间往里收进，在大门前形成一个小小的凹廊，大门上有门匾，门两侧有的还有刻写在石板上的固定门联。浙江缙云河阳村文翰公祠和广东东莞南社村几座祠堂都是这样的大门，只是南社村祠堂大门上多有彩绘，屋檐下还有木雕的花板作装饰，看上去很华丽。

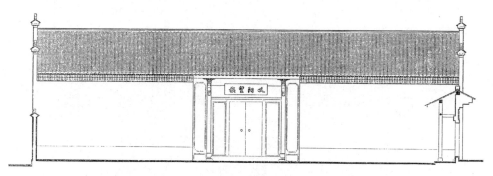

浙江缙云河阳村文翰公祠正面

广东东莞南社村社田公祠正面

南社村祠堂大门

　　比较复杂一些的是在门厅前沿做成檐廊或在门厅外加建门廊，大门开设在廊内的墙上，这样的檐廊不但具有遮雨雪防日晒的功能，而且也增强了大门的形象表现力。浙江兰溪诸葛村丞相祠堂的门廊两侧还增设了八字雕砖影壁；广东东莞南社村的谢氏大宗祠、家庙都用石料作门廊的立柱和横梁，再加上石雕的柱础、礅托和雀替，把大门打扮得很有情趣。

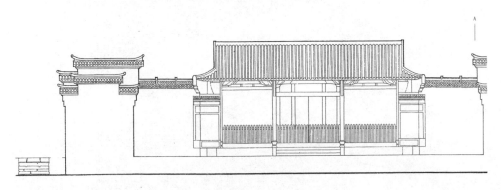

浙江兰溪诸葛村丞相祠堂正面

丞相祠堂大门

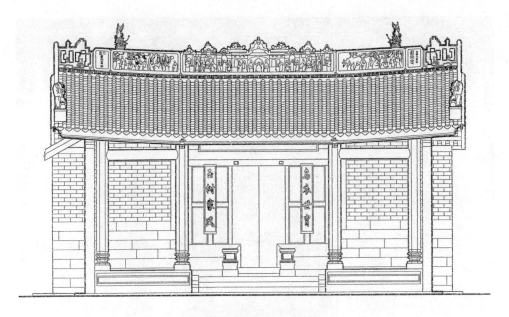

广东东莞南社村谢氏大宗祠正面

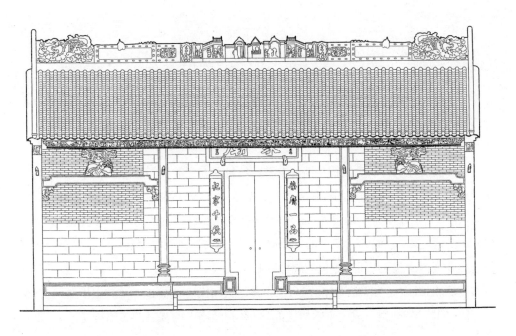

南社村家庙正面

南社村云野公祠大门

三、牌楼式门

这里是指用牌楼的形式加在大门上作装饰，而不是独立的牌楼门。无论是开设在院墙还是在门厅上的大门都可以用这种形式。它们有简单的也有复杂的，有砖石制作的，也有木结构的。

浙江武义郭洞村何氏宗祠和浙江龙游莲塘村瑞森堂的大门是其中最简单的一类。前者只在大门上方，把门厅的墙局部加高，做成一主二从的牌楼式屋顶，下面嵌有一块横匾，上书"何氏宗祠"；后者在大门上用砖拼砌出四柱三间的牌楼贴附在墙上，牌楼立柱不到地，实际上成为大门上的一幅砖筑门头装饰。江西婺源延村的玉华堂大门也是这类处理，四柱三开间三座顶的牌楼贴附在大门上作为门脸装饰，牌楼上半部全部用黑石，而四根立柱为浅色石柱，深色的牌楼门头和板门，中间闪烁着"玉华堂"三个金字，浅色的牌楼身，组合成一座牌楼式的门，在祠堂高大的褐色的砖墙衬托下，形象十分突出。

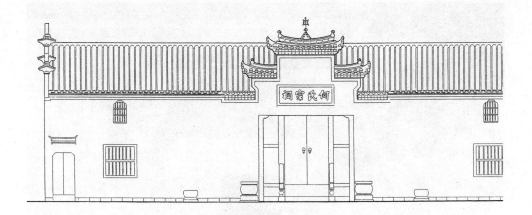

浙江武义郭洞村何氏宗祠正面

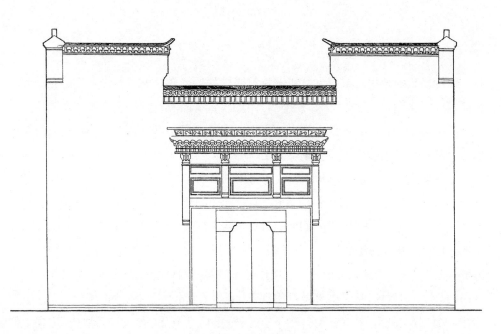

浙江龙游莲塘村瑞森堂正面

江西婺源延村玉华堂大门

　　比较复杂的是用砖或石为材料做成整座牌楼的形式紧贴在墙面上形成完整的牌楼门。这类牌楼多数比较高大，超出所依附的厅堂墙面，形象很突出。浙江永康后吴村的占鳌公祠大门就是这种形式。用灰砖做出四柱三开间五座屋顶形式的牌楼贴附在大门四周的墙上，五座屋顶均高出墙檐之上，中央的字牌上有砖刻的"占鳌公祠"四个字，字牌上方梁枋上有双狮耍绣球的雕饰，下方梁上雕着琴、棋、书、画。在连着门厅两旁的厢房山墙上还各开有一扇旁门，门上也有字匾和一座升出墙面的小门头。这两座旁门仿佛在两边护卫着中央的大门，它们共同组成了整座祠堂的门面。后吴村另一座吴仪庭公祠的大门与占鳌公祠几乎是一样的形式。浙江兰溪诸葛村的春晖堂是诸葛宗族一支房派的祠堂，完全用青砖筑造出一座牌楼贴附在墙面上，牌楼很简单，两根立柱只有一个开间，顶上三座屋顶，但是细部做得很细致。总体上完全仿照木结构的形式，立柱上架横梁，梁柱相交处有露出的梁头，梁下有雀替。梁枋之上有斗栱支撑着屋檐，屋顶上仰

浙江永康后吴村占鳌公祠

占鳌公祠大门局部

163

覆瓦、正脊、正吻都齐全，而且在几乎所有的部件上都用砖雕作装饰。装饰的内容从龙、凤、鱼、植物花草到琴、棋、书、画，还有万字纹、回纹，雕工很细。诸葛村另一座雍睦堂的大门也是这样的形式，两柱单开间三座屋顶的砖造牌楼，梁枋上也用砖雕装饰，但这里的砖雕起伏大，雕工不细，看上去比较粗糙。

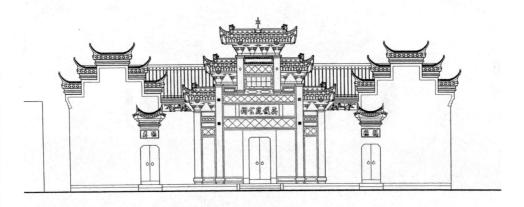

永康后吴村吴仪庭公祠正面

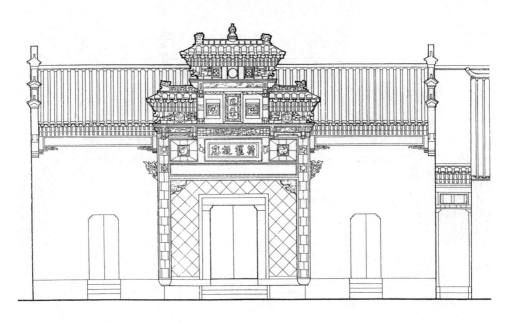

浙江兰溪诸葛村春晖堂正面

春晖堂 大门局部

诸葛村雍睦堂大门

　　木结构的牌楼门虽然不如砖、石牌楼那样经得起日晒、雨淋，但它们不是贴在墙面上的一层装饰，而是立体的木结构，尽管它还是门厅、门屋的一个部分，并非独立的牌楼，但在造型上比砖贴牌楼要丰厚得多，具有更强的立体感。浙江永嘉花坦村敦睦祠大门是一座依附在门屋的三开间三座顶的牌楼，楼顶高出门屋屋顶，使大门显得突出。浙江兰溪诸葛村大公堂是专门纪念宗族先祖诸葛亮的祠堂，大门设在门屋上，门屋三开间，前有门廊，中央开间开门。左右两根立柱高出屋顶，上面有一高两低的木结构屋顶，组成单开间的牌楼。中央字牌上书有"敕钦尚义之门"六字，左右开间的白粉墙上分别写有"忠"、"武"二字，这是因为南宋时期诸葛亮谥号为"忠武侯"的缘故。门屋三间，中央有突起的木构牌楼，飞檐起翘的牌楼与两旁山墙上高低错落的墙头相映，使大公堂

166

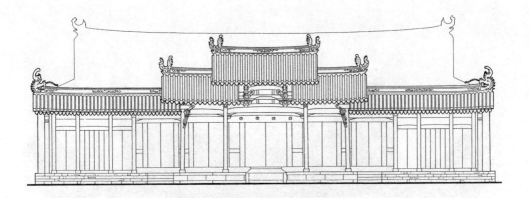

浙江永嘉花坦村敦睦祠大门

诸葛村大公堂正面

大公堂大门局部

十分有气势。江西婺源黄村黄氏宗祠的大门的做法是将门厅的中央三间升高，大门安在
门厅的脊檩下，门前形成一门廊，从正面看形成一座四柱三开间，上有三座屋顶的木结
构牌楼。婺源汪口村俞氏宗祠大门的做法也和黄氏宗祠一样，把门厅中央三开间升高
做出四柱三开间的木构牌楼，柱间有弯曲的月梁，梁上用木雕装饰，屋檐下有密集的斗
栱，屋顶四角有翘起的飞檐，正脊两端有凌空倒立的鳌鱼，虽然梁架上未施彩绘，但看
上去也显得十分华丽。

大公堂大门

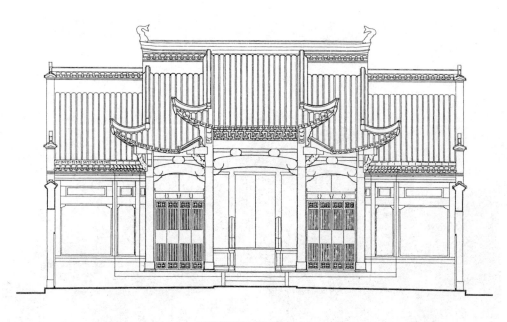

江西婺源黄村黄氏宗祠大门

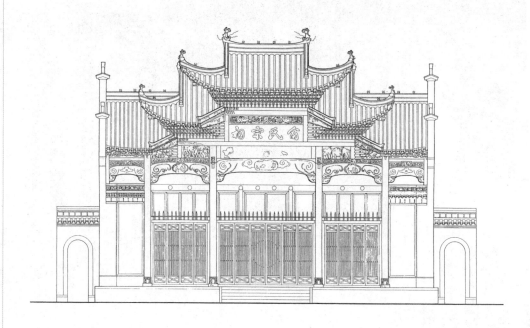

婺源汪口村俞氏宗祠大门

第四章

宅第之门

凡有人群的地方必有供他们居住的房屋，所以在各种类型的建筑中，住宅虽然在房屋的体量和规模上、在装修与装饰上比不上宫殿、寺庙那样宏大和讲究，但它们的数量最多，在城市、乡村中，住宅所占面积也最大。住宅多，它们的大门也多。中国幅员辽阔，民族众多，各地的住宅形态多种多样，所以住宅的大门若从单体来讲，比不上宫殿、陵墓、寺庙的门那么有气魄，但从各地住宅门的总体上看，这类大门在形式上却更为丰富多彩。

中国古代住宅的基本形态，可分为合院式和非合院式两大类。合院式就是四面房屋围合成一个院落，即四合院。根据考古发掘资料，四合院早在两周时期（约公元前11世纪—前771年）就已经形成，它们的形态随地域的不同而各具特征，有北方的四合院、南方的天井院、西北黄土带的窑洞院和福建等地的围陇屋和土楼，等等。非四合院住宅的形态更多，有中原山区的吊脚楼、炎热地区的干阑楼，还有四川、西藏地区的石造碉房，以及内蒙、新疆游牧地区的毡包房，等等。就住宅的大门来看，合院式住宅的大门真正是一组房屋群体的门，而非合院式的住宅门，除了是一个村寨或聚落的村门、寨门之外，就只是单幢房屋的房门了。所以为了在有限的篇幅里讲述得比较集中，现在选择合院式住宅中的北方四合院与南方天井院住宅的大门作为案例来介绍它们的形态。

北京四合院住宅大门

北京为元、明、清三代都城。元世祖忽必烈定都北京后称大都城，元朝按汉民族传统的都城模式对其进行了规划，皇城、宫城居于中心，全城以整齐的纵横街巷分为若干个区域，形成成片的住宅用地。在这些区域里又用东西横向称为"胡同"的街巷划分出等距离的地带，并规定以8亩之地建造一座住宅。8亩之地约相当于5333平方米，在这长方形的地段里当然以建造传统的四合院最为合宜。一方面，四合院以四面房屋围合成院，能够创造出一处安静的、有私密性的居住环境；另一方面，在这四面的房屋中，有坐北朝南冬季能多受日光照射而取暖、平时又比较敞亮的正房，有东、西向的厢房和面朝北的"倒座房"，以及后面的"后罩房"，它们可以分别供一家之主和儿女晚辈及男女仆人使用，从而符合了封建礼教在家庭中的伦理关系，这就是父子、男女、主仆之间的主从关系。明成祖永乐皇帝将都城由江南的建康（今江苏南京市）迁至北京，除重新建造了中心的宫城和向南扩展了城区之外，对元大都的布局并没有做改动，大片的胡同与住宅区都保留了下来，只是随着人口的增加，住房的加多，原来每8亩之地建一座住宅的规定无法继续而缩小至6亩之地、4亩之地，甚至于更小的面积。公元1644年清军入关，清朝廷仍然定都北京并且全盘接收了明代的北京城，不但城市布局未动，连皇城、宫城都未加改动。随着人口的继续增加和清朝制度的建立，四合院住宅的类型更为多样，其中最主要的变化是增加了一类新的住宅，这就是王府。王府是清朝皇帝赐给皇室子弟居住的专用府邸，这是在中国封建社会皇帝世袭制度下的一种特殊产物。王府规模大，它往往前后有几重院落，有的还附有园林部分，但它仍然是四合院，所以自元代以来，胡同与四合院即成为北京古代住宅的传统形式，经元、明、清三代历660余年而沿袭至今。只是随着时代的变迁，它们的数量增多了，形式也多样了。不同的四合院自然产生了不同的大门。

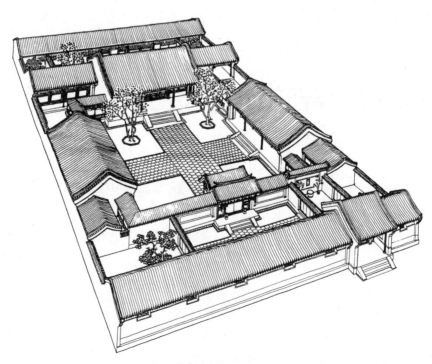

北京四合院图

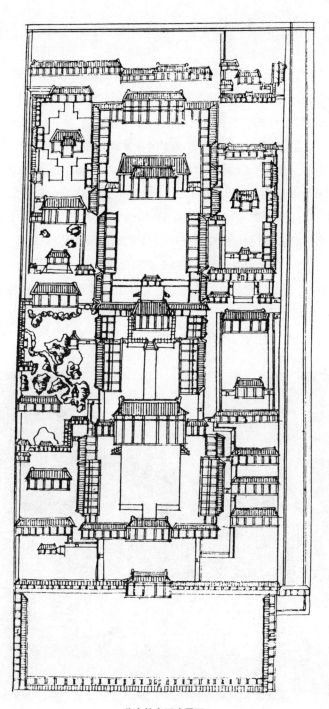

北京礼亲王府平面

一、王府大门

中国的封建社会长期以礼治国，礼制既规定了人的等级与从属关系，也规范了人所使用的建筑的等级区别。在古代礼制的主要著作《周礼》的《冬官考工记第六》中将城市分为天子的王城、诸侯的国都和宗室、卿大夫的都城三个等级，并规定了它们在城楼高度、城内南北大道宽度的不同尺寸，由大到小，等级分明。《周礼》中甚至还规定"以爵等为丘封之度与其树数"（《周礼·春官宗伯第三》），即是说人死后连坟丘的大小和坟丘上种树的多少都是由死者爵位的高低而决定的，爵位越高，坟丘越大，坟上种的树也越多。前面在"宫之门"部分已经介绍了明、清两代紫禁城宫殿的等级制，那么，王府既为皇帝赐予皇族的私宅，它自然应归于礼制的管理范围，所以按清朝对宗室的分封制度，共分有14个等级，与此相应，所赐予诸王子的王府也会有亲王府、郡王府、贝勒府、贝子府、镇国公府、辅国公府等多个等级，它们在宅院的规模大小和形制上也都有规定，既然住宅的大门处于明显的位置，那么这些王府大门的形式也都有明确的规范。据《大清会典》记载，亲王府大门为五间房，可开启中央的三间，屋顶上可用绿色琉璃瓦，

北京王府大门

屋脊上可安吻兽，大门门板上可用九行七列共63枚门钉；郡王府大门为三间，可开启中央的一间，门板上门钉应比亲王府减少七分之二，即九行五列共45枚；等等。这种独立的大门应属于殿式大门，门前左右有石头狮子一对，大门的正对面，隔着街道还立有影壁一座与门对应。规模大、更为讲究的王府，它的大门不直通街道而是在门前留有一庭院，院子前加一排沿着街道的倒座房，两旁设有称为"阿斯门"的旁门，经旁门进入庭院才能见到大门，它比临街的大门自然显得更有气势。

二、广亮大门

除王府外，其他四合院的大门都不用独立式的殿式门，而是用倒座房的一间作为大门，这一间比两侧的倒座房高，因此具有独立的屋顶，两旁的山墙也突出在外以显出大门的位置，这种形式应属屋宇式大门。这类大门也随着住宅主人的财势地位而分为几个等级，其中最讲究的称"广亮大门"。它的特点是将大门门扇安在这一间作为门屋的屋顶脊檩之下，门板皆左右两扇，将门屋分作内外相等的两部分。门屋两侧的墙上或用细砖拼砌或用白灰罩面，四周有花边作为装饰，在两侧山墙的墀头上也加砖雕，使只有一开间的屋宇式大门也显示出几分气势。

四合院广亮大门

四合院金柱大门

三、金柱大门和蛮子门

这两种门与广亮大门一样都是用倒座房的一间作为屋宇式的大门，所不同的是金柱大门门扇是安在门屋脊檩前的柱子之间，因为房屋最外一排柱子称檐柱，檐柱之内的一排称金柱，现在门扇被安在向外的金柱之间，因而称为金柱大门。如果门扇被安在门屋向外的两根檐柱之间，则称为"蛮子门"。如果在蛮子门的位置砌砖墙，在砖墙上开门洞安门扇，则称"如意门"，它比蛮子门更坚实。由广亮大门、金柱大门至蛮子门，只是门扇的位置由屋脊之下一步步被推至屋檐之下，在礼制社会，这种区别也成为区分住宅高低等级的标志。

四合院蛮子门

四、随墙门

在一些规模很小或者比较简陋的四合院中，不是四面房屋而是三面房屋，余下的一面用院墙，甚至只有两面是房屋另两面用院墙围合成院。这样的四合院住宅大门都开设在院墙上，这种大门既不是独立的屋宇，更不是殿式门，而只是在院墙上开一门洞，门洞两边砌砖墩，上置横梁，梁上有两面坡的屋顶，砖墩檐下还用一些砖雕作装饰，所以门的形象也比较突出，当地称它们为"小门楼"。

四合院如意门

四合院随墙门

五、内院门

一般比较像样的标准四合院都分有前院和内院，经过住宅大门先进到前院，一边是临街的倒座房，另一边是带廊子的院墙，院墙中央开设院门通往内院。这种内院门多采用垂花门的形式，讲究的垂花门前后有两排立柱，前面两根柱子间安有板门，左右两扇；后面柱子间也安有板门，左右四扇并列，它好似板门里面的一道屏风，所以称为"屏门"。屏门平时不开，行人进门后由左右进入内院，只有节日或遇喜庆之日来客人时才打开屏门，请来客由中央进入内院。简单的垂花门只设一排立柱，只有一道板门。垂花门的特征是门前

垂花门内屏门

垂花门内观

181

必有两根垂在短柱头下的花饰，形象比较活泼，再加上梁枋上施彩画，大红色的头道板门和绿色的二道屏门，门前有的还摆上两只小石头狮子，把这内院之门打扮得十分醒目，成为四合院内一道亮丽的景观。

四合院垂花门

山西四合院住宅大门

　　山西地属华北，并与京城北京所在的河北省相邻，从住宅形态看同属北方的四合院，为何又要作重复的介绍？山西自明末以后出了一批商人，他们不仅在本地经商，而且离开山西走向全国，经营内地与边疆地区之间的运输与营销业，又从朝廷征得部分盐业经营权，尤其在国内首先开创金融汇兑业，创立了遍布国内主要地区的"票号"，经过几代人的努力，成为国内颇具实力的"晋商"。经济上有雄厚财力的晋商在他们的故里广置田地，修建住屋，形成了一批规模宏大的宅院建筑群体。从留存至今的王家、乔家、渠家等宅院就可以看到，这批晋商大院的规模和讲究程度都不亚于甚至还超过了清代在北京的王府。那么在这批大院中的大门是什么形式的呢？它们在离京城不远的地区，是否敢于触犯朝廷规约，超越礼制所约束的形制呢？这些都值得提出来加以介绍和研究。

　　王家大院位于山西灵石县城郊，是当地一位王姓财主的宅院，王本是一个做小生

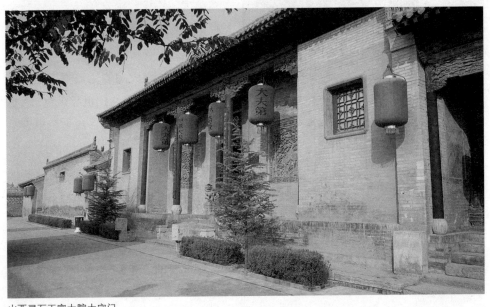

山西灵石王家大院大宅门

意的人，后来经营有方，买卖越做越大，积累了财富，回村里大建宅院，房屋相连成片，组成为一座规模宏大的宅院建筑群体。王家大院有一座主要宅院的大门，五开间的屋宇坐落在石台基上，中央三开间带有檐廊，大门开在中央开间上，门前有两石头狮子蹲立于门枕石上。左右两间为实墙，墙上各有一幅大型砖雕作装饰，在屋檐下的梁枋和雀替上均有彩画和木雕。两扇板门的上方有一块门匾，上面题有"凝瑞"两个大金字，意思是主人的宅院凝聚着祥瑞之气。门前檐柱上有楹联一副，上面写着"仰云汉俯厚土东西南北游目骋怀常中意"；"沐烟霞披彩虹春夏秋冬抚今追昔总生情"。屋檐下高挂着一对大灯笼，上面有"大清诰授中宪大夫"字样。大夫为明、清两代的文职官名，在封建社会，表面上有科举之制，世人必须通过层层考试才能进入仕途，但财权相通，有财势的富商可以通过向朝廷捐献金钱而获得官衔，美其名曰"捐官"，这中宪大夫自然是王府花钱买来的荣誉。如今这官衔高挂在大门之上，加上大门本身的规模以及它附有的种种雕刻彩饰和匾额楹联，它的形制虽不逾规，但其气势确已超过了都城的王府。王家大院还有许多宅院的大门，它们大部分都是单开间的屋宇式大门，门屋高出两边

的房屋，屋檐下梁枋上满布木雕，门两侧山墙头上有砖雕，门下枕石上立着石狮子，有的在门前左右还有上马石。这类大门不论门扇安在脊檩下还是金柱、檐柱之间，都要比北京四合院的金柱大门显得有气势。

山西几座大院的住宅不但大门很有气魄，它们的内院门也很讲究，这类院门也和北京四合院一样多采用垂花门的形式。由于山西四合院的院落比较狭窄，垂花门两侧连带两座影壁就把前后院隔开了，这种两旁带影壁的内院门比北京四合院的垂花门看上去更为神气，而且山西大院的住宅往往多为纵深很长的三进院落，前后有两道垂花门，一层一层的院门，更加强了宅院

大宅门中央开间

德馨

王家大院宅门

山西住宅院内院门

的私密性。

山西除了这些大财主的深宅大院之外，有些仕官的住宅也值得注意。山西阳城县有一座黄城村，村落不大，至今全村也只有600余人口，但它是清朝初期名臣陈廷敬的故里。陈廷敬生于明末崇祯年间，自幼好读书，清顺治十四年（1657年）考中举人，第二年赴京城经过皇帝殿试中二甲赐进士出身，时方20岁，之后又经过汉、满文化的学习，在康熙十一年（1672年）被朝廷任命为日讲起居注官，他的职责为记录皇帝的一言一行并与皇帝切磋学问，在这期间得到康熙的赏识与信任，从此青云直上，先任经筵讲官，其职责是专门为皇帝讲解经文著作，其后又历任吏、户、刑、工四部尚书，前后为官50年，晚年受命主持编纂《康熙字典》。这位一品高官既在京城有专门住宅，又在故里

山西阳城黄村相府大门

大兴土木，除了重建自家的宅院之外，还为村里修建城垣，建造楼堂，把一座普通的村落修造得像模像样。陈廷敬在黄村的住宅建于康熙三十九年（1700年），其时正是陈担任吏部尚书之时，所以称为"相府"。相府自然有前后几重院落，这里不描绘相府的细节，只看看它的大门。相府大门有两道，第一道门临街，是一座面宽三开间、形象十分高畅的屋宇，中央开间开着两扇高大的板门，左右两间做成砖影壁，进门后，迎面又有一道砖影壁。影壁之后为第二道大门，这也是一座三开间的门屋，在中央开间的前后两排柱子之间分别安有板门和屏门，在门屋的两侧有影壁呈八字形分列左右，影壁上布有砖雕，使二道门看上去也很有气势。

与黄村紧相邻的郭峪村也有陈廷敬的祖居和属于陈家的宅院。祖居自然没有相府那样的规模，但临街的大门也很神气。两柱一间牌楼式的门，两根立柱很高，两扇板门之上连续有三块字牌，上面书刻着陈氏家族历代在朝廷任职的族人姓名与官职，再往

山西阳城郭峪村陈廷敬祖居大门立面

上是成排的斗栱支撑着屋顶。大门立于有八步台阶之高的台面上，门前夹杆石上立着两只石狮，门下门枕石上又有两只小狮子，形成四狮把门。这样一座一开间的大门，自地面至屋脊，高达11余米，看上去颇有气魄。在郭峪村北门内还有一片陈家的住宅形成的一个不小的宅区，宅区临街有一座总的入口大门，两根高大的石头柱子上面有屋顶，

陈廷敬祖居大门字牌

山西阳城黄村石牌楼

门前左右各有一只蹲立在须弥座上的石狮子，如今大门已损坏，只剩下石柱与石狮，但从它们的形象也可看出当年大门的气势。黄村村口大道上立有一座石碑楼，建造时间是清康熙四十三年（1704年），当时陈廷敬历任了吏、户、刑、工四部尚书之后，又被康熙皇帝任命为文渊阁大学士，这座牌楼自然是专为表彰他的功德而建造的。四柱三开间的牌楼，中央的字牌上刻着陈廷敬一生的官职功名："戊戌赐进士正一品光禄大夫经筵讲官吏户刑工四部尚书都察院掌院事左都御史陈廷敬"，两旁字牌上分别刻着"一门衍泽"和"五世承恩"。在封建社会，一人入仕途得高官，则一门家族皆受惠，所以牌楼上同时刻出了皇帝赐给陈廷敬父亲、祖父、曾祖父的官职与功名，现在在黄村和郭峪村留存下来的陈廷敬故居与祖居，和这些宅院的大门以及整座黄村，都成为这种"一门衍泽"和"五世承恩"最好的注解与物证。

在山西其他地区，一些富商或高官也拥有一批相当讲究的住宅。晋东南地区的沁水县有一座西文兴村，这是柳氏家族聚居的血缘村落，据考证，这柳姓家族还是唐代著名政治家柳宗元的后裔，但他们并没有沾这位政治家的光，完全凭劳动，在这座山冈上建起了自己的村落。从保留至今的当年祖先最早居住的土窑洞看，可以

司马第大门局部

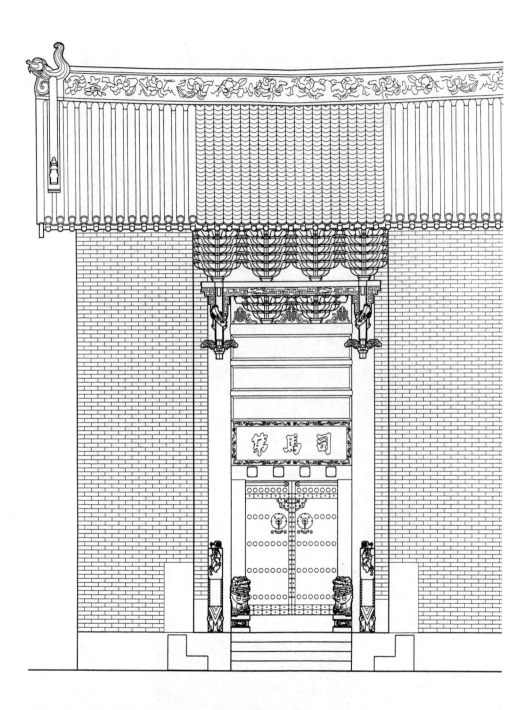

山西沁水西文兴村司马第大门图

称得上是艰苦创业。自元代开始，至清中期，经过几十代人的努力，在明代中叶家族中出了几位进士，在朝廷做了官，立了功，为此地方官府在村里为他们建立了两座表彰的石牌坊。同时家族里也出了几位经商者，他们走出小村，几经奋斗进入"晋商"行列，这才积累了财富，还用钱财报效朝廷，捐了官职。发了迹的几代族人回村建住宅，修祠堂，盖庙宇，如今村口还立着一座关帝庙，村里还保留着几幢明、清两代的住宅。其中，"司马第"与"中宪第"最为讲究，都是前后两进院子，四面都用两层楼房围合成院，每面楼房的两侧都附有一间小耳房，一个院落四面共有四幢大楼房和八座小耳房，组成为"四大八小"的四合院，这是山西省比较讲究的住宅的标准式样。在这里要看的还是它们的几座大门。司马第的大门为两柱一开间牌楼式，门洞上有多层密集的斗栱支撑着屋顶，大门竟与两层楼的住房同高。司

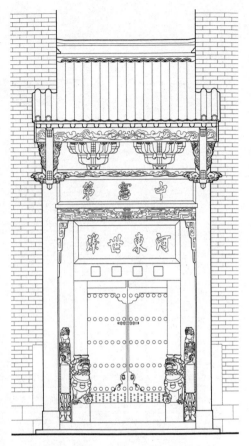

司马第侧门正面

马第还有一座侧门，也是双柱单开间。这两座门门前左右不但有门枕石上的石狮子，而且还有两侧立柱夹杆石做成的抱鼓与小狮子，形成四狮把门。"中宪第"的大门造型很特别，是在大门之外加了一道两层高的屋顶为悬山式的门罩，悬山顶高出于两层住房之顶，显得很突出。它的侧门是依附于墙上的单开间牌楼式门，在梁坊、挂落、垂柱上都有木雕装饰。除这两幢大型住宅之外，还有几幢明、清时期的一般住宅，它们的宅院大门也各具特征。有的像中宪第宅院的侧门；有的是在砖墙上开券门，门上有字牌和挑出墙外的门头；有的只有石刻的字牌。一个只有五十余户，村民才二百余人的小村，在古代留存下来的几座四合院住宅里，居然有七座形态互不相同的大门，充分显示出当地工匠的技艺和创造力。

西文兴村中宪第大门正面

中宪第侧门正面

西文兴村"行邀天宠"宅门正面

"行邀天宠"宅门局部

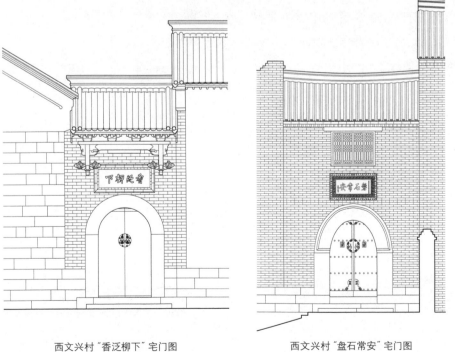

西文兴村"香泛柳下"宅门图　　　　　西文兴村"盘石常安"宅门图　　　197

当我们看过了清朝一品高官故里与祖居的大门，腰缠万贯的晋商深宅大院的大门，一般富商、官吏住宅的大门后，从中可以发现一个现象，这就是这些大门如果与明、清时期都城北京的王府、官邸、大四合院的大门相比，它们并没有超越朝廷的制度与规约，这里没有如亲王府、郡王府那样的殿式大门，也没有三个开间都开门洞，屋顶上也没有用琉璃瓦，但它们却比北京那些宅院大门显得讲究与气派。这些大门不仅体量大，不少都有两层住屋之高，而且多用砖雕、木刻，装饰得颇为细致。研究其中原因，首先是山西这些宅主具有雄厚的财力；其次，山西具有很强的传统工艺。山西具有取之不尽的黄土和十分丰富的煤矿资源，所以自古以来，山西制造砖瓦和烧制琉璃的手工艺就很发达，长期的实践，培育出一批建造砖瓦房屋、雕刻砖瓦木石的能工巧匠。看看王家、乔家、渠家几家大院结实的房屋，看看那些墙上、影壁上、屋顶上的精美的雕刻，就能真切地认识到山西在房屋建造上的传统实力。而那一座座大门可以说正是财富加技艺的综合产物，它们虽然只是房屋的一个局部，但却真实地反映了山西住宅建筑的独特之处。

安徽徽州地区的住宅大门

　　安徽地处江南，按地理学分区，长江以南的地区应属江南，包括江苏、浙江、安徽、福建、江西等省，这个地区气候温和，但夏季炎热而潮湿，人口众多而密集，人均土地较少。为了适应这样的条件，这里的住宅多采取"天井院"的形式。天井院也是一种合院式建筑，不过与北京四合院不同的是住宅的四面房屋多为二层，中央围合成的院子特别窄小，形如天井，故称"天井院"，其实也是四合院住宅的一个种类。它的特点是占地

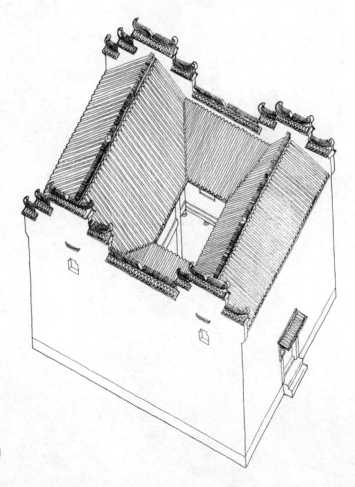

江南天井院住宅图

天井院外街巷

少，容纳居住的人相对地多，而且中央小天井如同烟囱有向上抽风的作用，能使住宅夏季比较凉快。天井院外形方整，外墙很少开窗，所有门窗均开向天井院内。为了节约城乡用地，尤其是农村的耕地，天井院一幢挨着一幢，成片住宅区内的街巷也十分狭窄。所以，高高的白粉墙，窄窄的巷子，成了江南地区住宅建筑特有的形象。

为什么选择江南的安徽徽州地区的住宅作分析，这是因为这个地区为我们留下了一大批明、清时期的古老天井院。徽州地区地域狭小，人口稠密，山地与丘陵几乎占土地的9/10，所以自古以来徽州人就不得不走出家门到远处经商谋生，他们经营传统的木材、茶叶、蚕丝，经营家乡的徽墨、歙砚和宣纸，也经营时兴的布业、盐业与典当业。他们的足迹遍及全国，甚至远至日本与东南亚，经过一代又一代的努力，已经成为显赫一时的徽州富商，至明、清两代，南方的徽商与北方的晋商成为全国两大商派。与晋商一样，顽固的传统观念使他们积累财富后纷纷回故里置田地、建住房、修祖祠，为我们留下了一座座古村落和大批祠堂、宅院。在这里，我们不是研究这些宅院，而是关注它们大门的形态。

只要走进徽州城乡的街巷，就可以见到巷子两边高高的白墙，墙上开启着一户户天井院的大门。住宅的大门，作为一户人家的门脸，自然成了装饰的重点。从徽州地区留下来的众多大门上可以看到，这种装饰的主要形式，就是门头与门脸。大门本身的结构很简单，在墙上开个门洞，两边立两根石柱，上面安一根横石梁组成门框，在门框内安两扇木板门就成为大门。而大门的装饰集中放在门的上面，所以称为"门头"。

中国古代院门图

一、门头

门头是怎么产生的？我们从描绘宋代都城汴梁城内景象的著名绘画《清明上河图》中可以见到古代建筑院墙上的大门形式：用两根木柱子，上面架一根横梁组成门框，框内安门扇，门框上有一个前后两面坡的小屋顶以便遮日晒、防雨淋。这个小屋顶因为位置在大门的顶头上，所以称为"门头"。如果大门开设在比较高的院墙上，那么这个门头就成为从墙面上伸出一面坡的屋顶遮挡在门的头上，墙上伸出两个牛腿，支撑住小屋顶，屋顶上有屋脊和两头的正吻，这样的门头既有物质的功能，又具有装饰性，它与大门组合为一个整体，大大丰富了门的形象。工匠在长期的实践中，将门头的造型不断地改进与完善，支撑屋顶的牛腿和横梁上布满木雕，梁上用了复杂的斗栱，屋檐两头起翘，屋脊上用灰塑制出动、植物装饰，于是，门头的物质功能越来越次要，而它的装饰功能逐渐变为主要的了。因为木料制造的门头经受日晒雨淋很容易损坏，于是砖逐渐替代了木构件。但是砖造的门头无法挑出墙面，所以这种门头逐渐变成了贴在墙面上的具有门头形式的装饰，这就是门头由最初的纯功能到后来纯装饰的发展过程。但是值得注意的是，这种砖门头仍然采用木门头的形式，两边两根垂柱，柱头有花朵装饰，柱上架着横梁，梁上有斗栱支撑着屋顶，完全是一副垂花门的式样，只是这些构件都是由砖制成的，它们只是一种平面的形象而没有结构上的作用。如果把众多的徽州住宅和江南其他地区住宅的门头罗列出来加以观察，就可以看到这种仿照木结构形式的现象也逐渐发生了变化：两边的垂柱不见了，几道横梁有序地排列在门上，两条横梁之间成了书刻门匾的字牌部分；屋檐下的斗栱也由突出的砖头所替代；屋顶的出檐变得很浅。总之，门头已经不像木结构的垂花门了，它

住宅大门上的木结构门头

住宅大门上的木结构门头

安徽徽州地区住宅砖门头

徽州地区住宅砖门头图

们很讲求整体的造型，门头由下至上逐层向两侧伸出，左右对称，上下梁枋疏密相间，应用砖雕装饰梁枋、字牌部分，但又不满布，有意地留出素砖面和白粉墙面，显得很有条理而又醒目。砖雕有深雕和浅雕，而以浅雕为主，以突出它们的整体效果。砖雕的内容大都为传统内容，常见的有动物中的龙、狮子、蝙蝠，象征着神圣、威力与福气；植物有莲荷、桃、牡丹等花卉，寓意美好与长寿；还见有瓶中插着四季花和瓶中插三把戟，分别表示"四季平安"和"平升三级"。经过不断实践，这些砖做的门头不但体现了住宅主人的人生理念，而且在形式上也逐渐舍弃了原来木门头的式样而创造出了砖门头本身的形态。

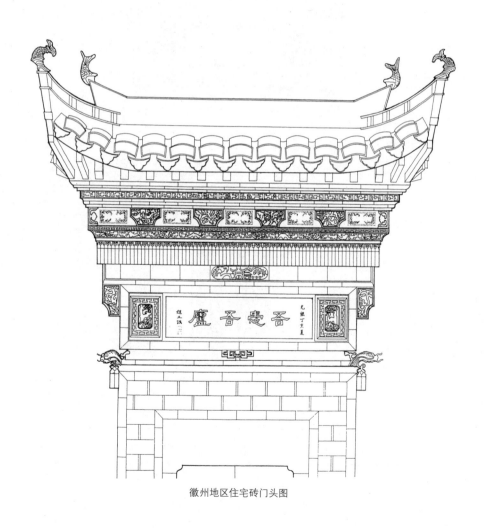

徽州地区住宅砖门头图

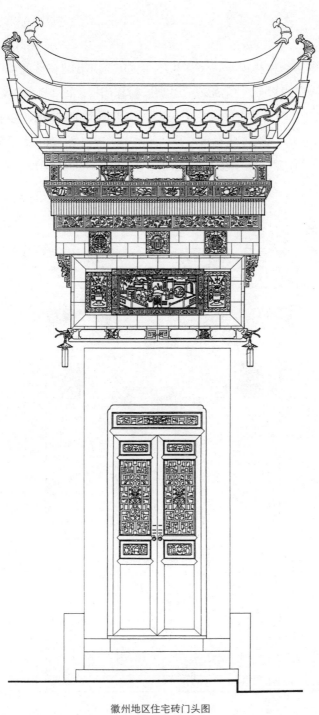

徽州地区住宅砖门头图

二、门脸

对于一些财势和权势较大的住宅主人，他们已经不满足门头的装饰，于是大门的装饰向下延伸至门的两旁，常见的形式是用石料作门框，在门框外侧又用砖砌造出壁柱，壁柱由下至上与门头连在一起组成一副罩在大门四周的装饰面，它好似人们在脸上化了妆，所以称它为"门脸"。安徽徽州地区的黟县关麓村有一座"大夫第"的内院大门就是用门脸装饰的。青石大门框，门框上面和两侧用灰砖砌造出壁柱与门额，门额之上

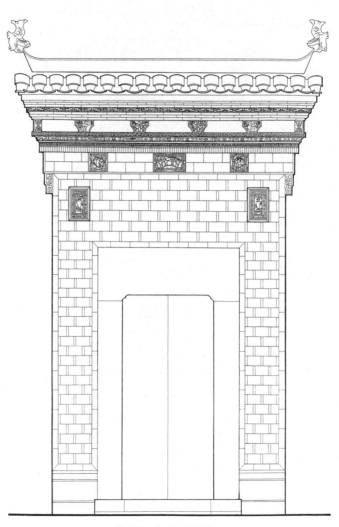

徽州地区住宅门脸装饰图

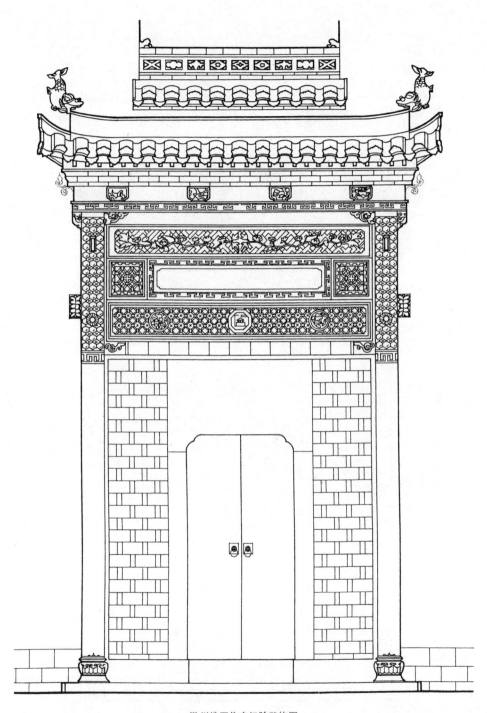

徽州地区住宅门脸装饰图

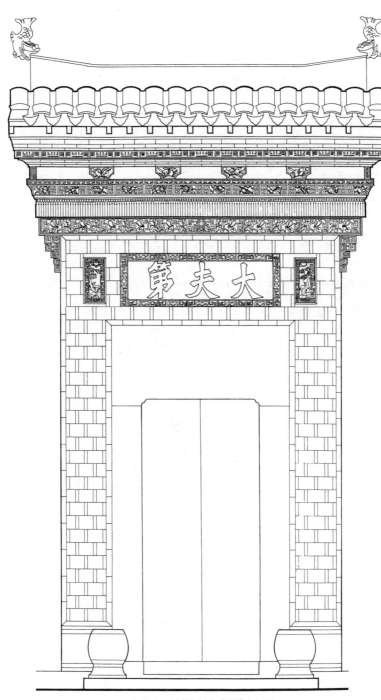

安徽黟县关麓村"大夫第"大门图

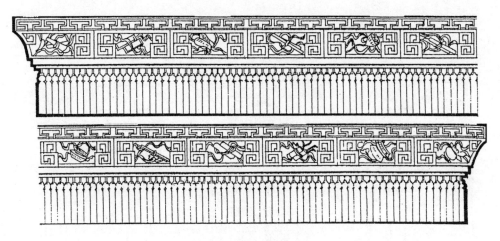

"大夫第"门头上暗八仙装饰

紧连着门头。门头由三道横枋、一层方斗和屋檐、屋顶几部分组成,两侧层层向外伸出,紧扣在门上,用两只雀替作为上下部分的交接,使整个门脸浑然一体。在门额的中央是书刻着"大夫第"三个大字的字牌,四周有砖刻的蝙蝠、回纹组成的花边,字牌两侧各有一块砖雕。门头上几道横梁上均布满雕刻,下梁是花卉,上梁雕的是"暗八仙"。八仙是古代民间流传很广的八位神仙,他们各有本事,很受百姓喜爱,常用他们作装饰题材,但是要雕绘出这八位神仙的形象颇费工夫,所以常以他们手中的器物作代表,这就是李铁拐的葫芦、钟离权的掌扇、张果老的道情筒、何仙姑的莲花、蓝采和的花篮、吕洞宾的宝剑、韩湘子的笛子和曹国舅的尺板。八件器物作为八位仙人的代表,这种做法称为"暗八仙"。大门上两道横梁之间是雕着流苏的横枋,横梁上的方斗和屋檐下的条砖上也有雕饰,屋脊两头各有一条鳌鱼张嘴叼着正脊。这座门脸全部用砖制作,造型完整,雕刻装饰分布匀称,黑色大门、青石门框、灰砖门脸,在四周白墙衬托下,形象十分突出。在关麓村还有几户有财势的人家,大门上除了有门头、门脸装饰之外,在门的两侧还加筑了两座影壁呈八字形分列左右,更加强了大门的气势。

窄窄的巷子,两边白色高墙,黑瓦覆盖的墙头,白墙下一座座灰砖装饰着的大门,这黑、白、灰组成的画面成了徽州地区住宅的典型形象,因此也成了"徽派"建筑的特有景象。这样一批造型端庄、装饰得体的徽州住宅大门的出现当然不是偶然的。前面已讲过,徽商拥有充裕的经济条件,但光有财力并不一定能造出精致的作品,他们必须同时

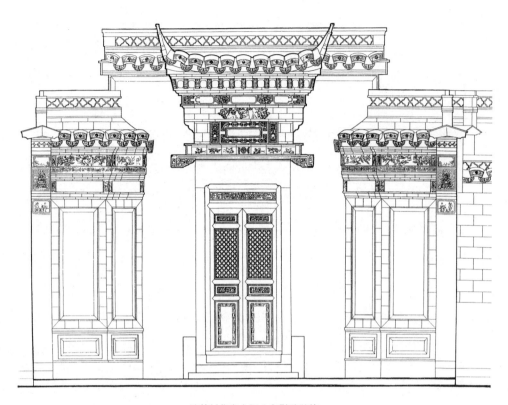

关麓村住宅大门八字影壁装饰

具备一定的人文基础。徽州地区自古以来具有深厚的文化传统，素有"十户之村不废诵
读"之称。当地盛产笔、墨、砚、纸四大文房之宝，徽州的歙砚、宣纸、徽墨皆名扬四方，
这里又是著名的新安画派与徽派版画的故乡，版画在明代发展至鼎盛时期，作为文学作
品中的插图，十分注意画面的构图与人物、山水、建筑的描绘，由此培养出了一批民间
刻画艺匠。这种精雕细刻的工艺也同样表现在歙砚与徽墨的制作上，小小一块砚石与
徽墨，上面也附有精美的人物、山水的雕刻。凡此种种都构成了徽州地区特有的人文环
境，一方水土养育一方人，徽商在这样的影响下也受到同样的熏陶，注重文化的学习与
提高，并自称为"儒商"。综上所述，一有雄厚的经济基础；二有深厚的人文环境；三有
技艺精良的能工巧匠。正是这样的条件才催生出了这批精致的宅第大门。

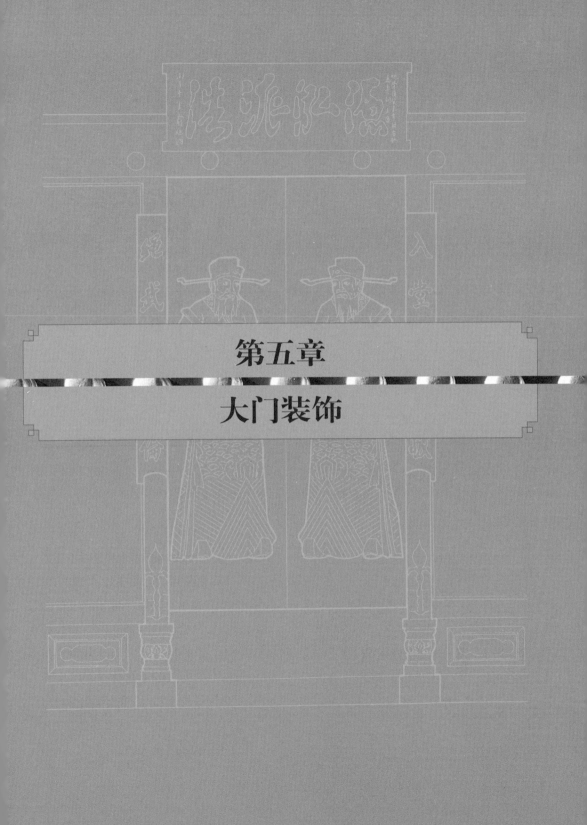

第五章

大门装饰

在前面各章、节的论述中，我们所见到的城门、宫门、庙门、宅门，它们的形态最初都决定于实际的物质功能，但在长期不断的建造中，都有了不同程度的装饰作用。

北京天安门和地安门都是明、清两代都城中皇城的大门，天安门在南面，地安门在北面，由于在中国的风水学中，建筑群坐北而南向被认为是最好、最吉利的朝向，因此朝南的天安门成为皇城东、西、南、北四座城门中最重要的一座，它的形象是一座九开间的大殿坐落在高高的城墙之上，而北面的地安门只是一座七开间的建筑置于地面上，两者差别很大。而且天安门除本身形象之宏大外，在城楼之前还有金水河一道，石桥五座，桥前左右立有华表、石狮等陈设，更增添了这座城门的气势。可以说，天安门从本身的形象到门前门后的各类陈设都是经过装饰的。

一座紫禁城，从城前城后的午门、神武门，从前宫、后寝的太和门和乾清门，到各组建筑群体的院门、随墙门，它们的体量有大有小，屋顶有不同的式样，台基有高有低，乃至门窗彩画都有不同的形态与花样，所有这些从整体造型到局部处理都可以说是一种装饰的手段。

在大量寺庙、住宅的大门中，我们更看到了各种形态的院门和宅门，它们有木制和石造的牌楼门，有砖雕的、灰塑的各种门头与门脸，古代工匠在这些大门的装饰上展示出他们高超的技艺与智慧。现在，我们将目光集中到这些大门的门本身上来。北京的正阳门、天安门、午门属于城楼式大门，紫禁城的太和门、乾清门和颐和园的东宫门、排云门属殿式大门，北京四合院的广亮式门、金柱式门属屋宇式门，而一般祠堂、住宅开设在墙上的门属于院墙式大门。不论什么形式和类别的大门，它们的物质功能都是供人们出入建筑群体，而真正供人们通行的只是这些大门的一个局部，这就是有门扇可以开关的门洞。为了避免与城门、宫门、庙门、宅门相混淆，我们将可以通行的门洞称为"门本身"。门本身由门扇与门框两部分组成。

门扇

　　门本身最主要的部分是可以开启和关闭的门扇。门扇的高低、宽窄一是决定于实际功能的需要，二是依据建筑本身的规模与地位。北京紫禁城午门、太和门、乾清门这些主要大门，专供帝王进出通行，从功能上讲，皇帝经常要坐在轿子上，乘坐在骡马大车上通过这些大门。从建筑上看，它们都是紫禁城中十分重要的大门，都具有很宏伟或者很讲究的形态，所以这几座大门的门扇都很高大，其中太和门中央供皇帝出入的门口高达5.28米，宽5.2米，安在两边的两个门口也高4.8米，宽达3.2米。寺庙、祠堂的大门本身，虽然不需要让轿子或者马车进出，但为了显示大门的气势，其门扇也多为左右两扇，高度多在3米左右，甚至有达4米者，而每扇门的宽度也达0.8~1米。至于一般住宅的宅门，为了进出方便和显示出一定的"门望"，其门扇也多为两扇，宽度也住0.6米以上，只有在住宅的侧门或者后门，才用单扇的门扇。

　　这些或宽或窄的门扇都由木料制作，它们是用厚木板左右相拼合而成，因此称为"板门"。木板横向拼合最简单的方法，是在这些木板的后面用几条横向的木条，再用

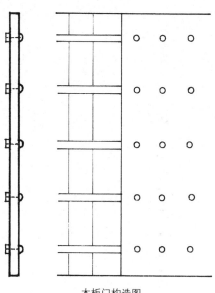

木板门构造图

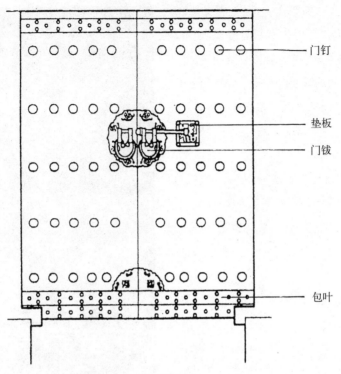

板门正面图

铁钉从门正面向里把木板与木条钉在一起。为了木板拼合的牢固，需要用数条横向木条从上至下，均匀地分布在门板后面，并且用密集的铁钉将它们紧密地连结成一整块木门扇。这些横向木条形如用在腰间的腰带，所以称为"腰带木"，那排列在板门正面的钉子头则称为"门钉"。对于一些宽度较大的门扇，除了用铁钉拼合之外，为了加强门扇的整体性，还在门扇的上下两头用铁钉将横向的铁皮包在门板的两面，称为大门"包叶"。

门扇安装在门框上，能够自由关启，如果主人从外面关闭大门，则需要在门板上有一个能够拉门的门环，这种门环多用铁或铜制作，用门环座将它安装在板门上。如果外面来人，需要敲叩门板让里面开门，则门环很自然地成了叩门的工具，于是，门环同时又成了"门叩"。为了加强叩门的声响，多在门环下的板门上钉一块铁皮或小铁块，铁门环叩击铁块，不但声音响而且也保护了木板门扇免受门环的直接冲击。这一套门环、门环座和垫块在宋代称为"铺首"，清代称"门钹"。

217

门扇既为木料制作的板门，它又常年暴露在外面，为了保护木料免受风吹、日晒和雨淋，所以都在门扇表面涂油漆。最普通的是涂一层透明的油漆，外观仍保持着木料的本色。大多数门扇多涂以不透明的油漆，常见到的有黑、绿、红等几种不同的颜色。

根据建筑装饰发展的规律，建筑上各部分的装饰多为将各种构件经过加工美化而形成，大门本身的装饰也是一样。门扇上的门钉、门钹、看叶、油漆等都是具有物质功能的构件或保护措施，但是在工匠长期的加工制作中，它们都经过美化而成为一种装饰了。

门钉：就是用作拼合板门的铁钉子头，它们随着腰带木的均匀分布而排列在门扇的正面，整齐而有序，因此这样的门钉本身就具有一种形式之美。随着技术

板门上门钉与包叶

的进步，工匠在制作板门时将附加在门板后面的腰带木改为比较薄的木条直接插入门板的木槽之中，再用胶粘合，其坚固程度不亚于用铁钉拼合的板门。于是铁钉失去了结构上的作用，自然那一排排钉子头也理应会在板门上消失，但是事实上门钉却依然排列在许多门扇上，而且在不同类型、不同大小的建筑大门上，门钉在个数和排列上都有不相同的处理。这种现象告诉我们，这时候的门钉已经不再是有功能作用的构件，而变为一种纯装饰构件了，它们不仅仅具有形式之美，而且也能表达出一定的人文内涵了。

北京的宫殿建筑，不论是紫禁城，还是明、清皇陵，皇家园林，皇家寺庙，在这些建筑的大门门板上，都排列着整齐的门钉，上下九排，左右九枚，共计9×9＝81枚门钉。这种现象自然不是偶然的。在中国古代，人们将自然界万物都分为阴与阳，在天地日月间，天为阳，地为阴，日为阳，月为阴；在人间，男性为阳，女性为阴；在数字中，单数为阳，双数为阴。阴与阳互为对立又相互依存，这是古人对世界的一种认识。这种认识

北京紫禁城保和殿御道

紫禁城九龙壁

紫禁城宫殿屋脊上小兽

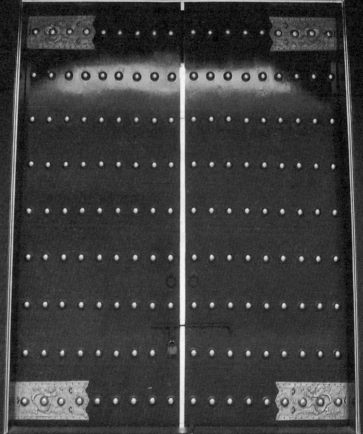

紫禁城宫殿大门

也应用和表现在建筑上，例如在明、清两代皇帝祭祀天、地的天坛、地坛，祭坛高出地面，有台阶上下，天属阳，所以在天坛用属阳的单数九为台阶步数；地属阴，所以地坛用属阴的双数八为台阶步数。同样，在紫禁城的装饰中，皇帝属阳，所以在重要装饰中多用阳性单数中最大数九为装饰的个数。例如太和殿与保和殿前后的大台阶，其中央部分为专供皇帝上下的"御道"，在这石制的御道上专门雕刻了九条龙作为装饰；在宁寿宫大门前的琉璃影壁上有九条龙，称为"九龙壁"；在重要大殿屋顶的脊上都用九只小兽作为装饰，等等。所以这宫殿大门上的九排九列共81枚门钉也属此类做法，具有帝王之最的涵意。门钉在这里不仅具有形式之美，而且还有了人文内涵。

门铍：即门上的门环、门叩。门环多呈圆形环状，也有呈讹角、圆角方形的。环本身多光洁无饰，但也有做成竹节状者。门环依靠门环座固定在门扇上。门环座为一块铁皮钉在门扇上，铁皮形状或方或圆，没有固定式样，它们的外形多被加工成曲折有变化的纹样，而且还在铁皮上镂刻出简单的花纹，常见的有如意头、万字纹、寿字纹等。铁皮

板门上门铍

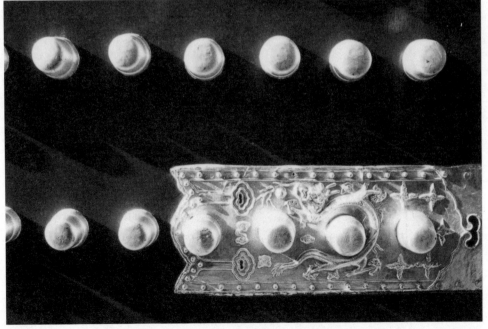

宫殿大门上的门钉、门铍、包叶

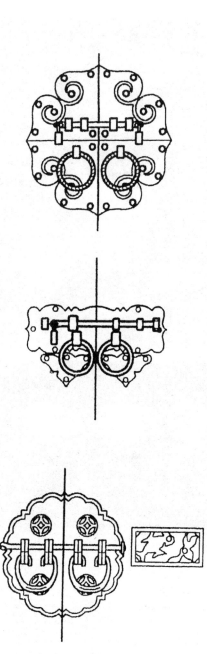

农村住宅大门上门钹图

上附的小铁环分上下两行，下面的两个专供悬挂左右一对门环；上面的四个是供穿插锁门的铁栓用的。家人全部外出时，必须在门外将大门上锁，这种长条的铁栓，一端有节，另一端有小孔，铁栓从一头插入，穿过四个铁环，在顶端用锁穿过小孔把大门锁住。细心的工匠还注意到铁栓来回抽动，一端的节头会将门板磨损，所以特别在门板上钉上一小块铁皮作垫，铁皮上镂刻出花纹也成了一件装饰。

包叶：常见的包叶是钉在门扇的上下两头包住大门，为了进一步加强门扇的坚固性，这种金属叶片有的被延伸到门扇的四周。左右一对门扇在关启时经常相碰，为了减少木板门的磨损，往往用铁皮把门扇边包住。所有这些包叶、铁皮都镂刻有各种式样的装饰花纹。

值得注意的是，在一些规模比较大的寺庙大门上，它们的门钹被进一步地加工装饰，常见的形式是悬挂门环的座被制作成一个兽头，兽头张着嘴叼衔着一副门环，在宫殿建筑的大门上，这种兽头门钹成了一种固定的形式。普通的门环、门叩怎么会变成兽面的门钹？《后汉书·礼仪志》中写道："施门户，代以所尚为饰。商人水德，以螺首慎其闭塞，使如螺也。"这段文字告诉我们，三千多年前的商代人已经知道用他们喜欢的东西装饰大门，当时商人崇尚水，而水中生物螺蛳因为能在遇到不利情况时将其头缩至封闭的螺蛳壳内以保护自己,所以用了螺蛳作门上装饰。在《百家书》中也有一段相关的记述:"公输班见水蠡,谓之曰:'开汝头,见汝形。'蠡适出头,班以足画之,蠡遂隐闭其户,终不可开。因效之,设于门户,欲使闭藏当如此固密也。"公输班,春秋时期鲁国人,著名工匠,又称鲁班,传说古代木工用的刨子、钻子等工具和攻城用的云梯都是他创造发明的,所以历代木匠都将鲁班尊为祖师。鲁班到水边见到自壳内伸出脑袋的水蠡,于是悄悄用脚在地上画下蠡的形象,蠡发现后,立即缩回脑袋,紧闭外壳,再也不打开。水蠡也就是水中的螺蛳,所以这两段文字虽然相隔几个世纪,但都说的是应用螺蛳保护自身的本事,将它的形象用在门上作为装饰,以象征大门之坚实而安全,水蠡的头在大门上是什么样子,如今没有留下实物,无法进行考据。在汉代的画像石上倒是见到房屋大门上的门钹形象,它是一个兽头衔着门环,这兽

陕西汉墓墓门石刻门钹

陕西汉墓墓门石刻门钹

面有两只大耳朵，小眼，张嘴露齿衔着门环，它不像老虎又不是螺蛳，而且奇怪的是这种兽面、兽头的门钹在古代留存下来的建筑上却没有见到。如今在大量宫殿建筑大门上见到的兽面门钹被称为"椒图"，它是龙的九子之一。龙是象征中华民族的神兽，自汉高祖以后，龙又成为封建帝王的象征，于是，皇帝穿的衣服上绣满龙纹称为"龙袍"；皇帝坐的椅子上雕满龙纹称为"龙椅"；皇帝使用的用具上也装饰着龙纹；皇帝居住的宫殿建筑上更处处布满了龙的装饰，台基的栏杆、柱头上，梁枋、天花的彩画里，门窗的雕刻中都有龙的形象。不但如此，在紫禁城的建筑上还出现了龙子的装饰，宫殿屋顶正脊两头的正吻、戗脊上的小兽、石台基上的吐水螭首都成了龙之子，而大门上的门钹兽头也被列入了龙的家族。神龙威力无比，它对大门所起的保护作用自然是螺蛳所无法比拟的。值得注意的是，这些宫殿大门上的门钹，只是一具木雕的形象，兽面口中的门环既不能拉门，又不能叩门，它们已经失去了原来功能上的作用，和门钉一样变成一种纯装饰性的构件了。

油漆：大门上刷油漆是为了保护木材，但油漆有不同的颜色，因而产生了装饰作用。

色彩对人所起的作用有生理的和心理的两个方面。不同的色彩具有不同的波长，在诸种色彩中，黄色为长波长（550~590μm），对人眼的刺激大，有一种扩张感；蓝色的波长较短（400~460μm），对人眼的刺激小，造成一种收缩感，所以在人们的感觉中黄颜色比蓝颜色更鲜艳和明亮。这种色彩对人体的生理作用已经为近代科学所证实。心理作用是指各种色彩对人们心理所起的作用。举例来说，大海是蓝色的，人们见到蓝色会想起大海，心理上得到一种辽阔的感受；草原、树木是绿色的，人们看到绿色会联想到草原的无边无际，想到大地回春，一片欣欣向荣。这蓝色与辽阔的大海，绿色与春天成了自然界固定的联系，因而也使人们在头脑中产生了固定的联想。在中国古代长期的农耕社会中，土地受到特别的尊重，历代封建朝廷，都把祭天、地，祭祖先当作国家之大祭，专门设立有祭土地神的坛，并把它放在皇城宫殿的附近，可见其位置的重要。而土地是黄色的，所以在古代红、黄、蓝、黑、白五种原色中，黄色居中，被认为是最重要和最受尊重的颜色。人类对红色认识很早。早上升起的太阳是红色的，原始人吃的生野兽肉是红色的。人类学会了钻木取火，从此可以由吃生兽肉变为吃熟肉；可以把黄土烧成陶器，使人类文明前进了一大步，而火是红色的。尽管战争中人流的血也是红的，但总体讲，红色带给人们的多是光明与文明，因而自古以来，中国都将红色当作喜庆之色。考古学家在北京房山县早期人类居住的山洞中，发现有野兽的牙齿和水生的贝壳，据考证，这很可能是古人套在脖子上的饰物，而就在这些兽牙上发现有染上的红颜色，说明远在几十万年之前，古人就把红色作为装饰了。在民间，红色更得到广泛的应用：结婚时盖大红喜被，穿鲜红婚服，坐红轿，连同女方陪嫁的家具、衣箱等都是红色，它们组成结婚当日随新娘送往婆家的"十里红妆"。婚后生子满月请吃染红的鸡蛋；老人过生日在住宅中央堂屋里挂红寿屏；逢年过节挂红灯笼，贴红门联；等等。自然，这些色彩也用在建筑上，北京紫禁城宫殿就大量采用了黄色与红色，这就是我们看到的大片黄色琉璃瓦和红色的门窗、立柱和墙体，构成宫殿建筑极为强烈的色彩效果。所以，紫禁城建筑用黄色与红色并非偶然，而是因为这两种色彩所具有的人文内涵。这种人文内涵的产生也是依靠人们的联想，只是这种联想经过历史的积淀，远比蓝色大海，春天绿树的联想复杂和丰富得多。

北京紫禁城宫殿色彩

　　让我们把话题回到门本身的油漆色彩上来。紫禁城的大大小小的门，无论是殿堂的，还是院墙上的都统一在屋身的红色之中，于是红色板门成了宫殿大门的统一色彩，它鲜艳、富贵，具有皇家建筑的气势。按照封建社会的礼制，建筑是随着主人的地位、身份而分等级的，这种等级表现为前面章节所说的建筑体量大小、屋顶形式、台基高低、门头与门脸的式样等，同样也表现在大门本身的色彩上。宫殿的大门用红色，包括皇家坛庙、皇陵、皇园都用红门，而一般百姓家是不许用红门的，各地民宅多用黑色的大门。至于官府、王府，如果按朝廷规定，只允许亲王府用红门，但在远离都城的全国各地恐怕就不那么受限制了，有财势的人家照样也用红色大门，"朱门酒肉臭，路有冻死骨"，说的就是这种现象，朱色大门终究属于有钱人家。

　　以上对大门上的门钉、门钹、包叶、油漆分别作了介绍与分析，现在应该从一座大门的整体上综合地考察它们的形态与内涵。先以宫殿建筑的大门为例：无论是午门、神午门、太和门、乾清门，这些宫城和前朝、后寝建筑群体的大门，还是前面的文华殿、武英殿以及后宫的养心殿、养性殿的院门，都可以看到用同一式样的大门，即红色的门扇，每扇门上各有横竖皆为九行的金色门钉，中央有一对金色的门钹，又称为铺首，门扇的下端还各有一条金色的包叶，这红门金钉、金铺首再加上九九八十一枚门钉的大门成了宫殿大门统一的标准形式，只是它们的尺寸随着建筑大小而不同。应该注意的是，这些宫

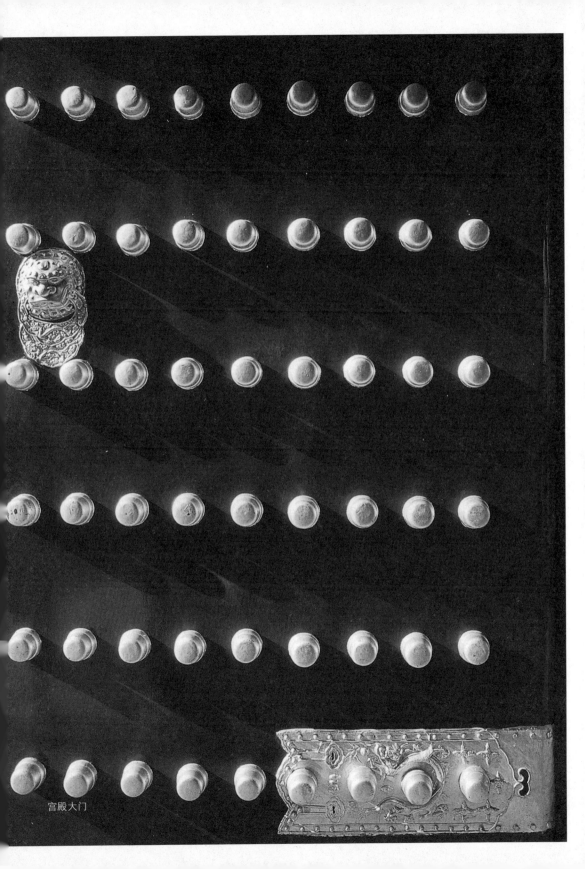

宫殿大门

殿大门的木板拼合已经完全不需要铁钉和看叶了，所以这里的门钉、看叶统统是钉在门扇正面的装饰物。在午门、太和门这些高大的大门上，门环已经起不到拉门、叩门的作用了，因而这里的门钹也变成一种纯装饰的雕刻品。也可以说，这些门钉、门钹以及门的色彩都成了标志大门等级的一种符号，由这些符号组成的宫殿大门自然成了建筑大门的最高形式，由此而往下形成古代大门的系列。这种代表着封建礼制的系列在明、清两代朝廷都有所规定。据明史记载，亲王府的大门为丹漆金钉铜门环、门钉，用九行七列共六十三枚；公王府大门为绿漆铜门环，门钉再减少两列，即九行五列共四十五枚；百官府第中，公侯之门用金漆的兽面锡门环；一二品官府门用绿门兽面锡门环；三至五品官府门用黑门、锡门环；六至九品官府门用黑门铁门环……总体可以看出，从皇帝宫殿大门至九品官府门，它们的形态依次是红门金钉铜环、绿门金钉锡环、黑门无钉锡环、黑门无钉铁环。所以，从门的颜色上分为红、绿、黑，从门环的材料上分别为铜、锡、铁，从门钉的数量上分别为九行九列。九行七列、九行五列到不用门钉，由高到低，等级分明。

现在再来观察一下乡村住宅的宅门情况。山西襄汾县有一座丁村，这是一座历史悠久的古村落，至今仍保存着数十幢明、清时期的古宅，这些古宅都有不止一座宅门，这

山西襄汾丁村住宅大门门钹

些大小不等的宅门都用的是木板门，门板上都有门钹、包叶，而这些构件都是用铁钉固定在门板上。大门有大小之分，其上的门钹形式也不相同；门环座有的造型简洁，有的用狮子头衔着圆形门环；门环下门板上的垫块有的只是一小块带花纹的铁垫，有的做成蝙蝠形，而同是蝙蝠在不同的大门上也有不同的形象；包镶板门边沿的看叶在四个角上也扩大为刻成花叶状的铁皮。这些门环座、垫块、看叶形状尽管不同但都还是有功能作用的构件。在有的讲究的大型宅第大门上也出现了没有功能作用的纯装饰铁片，它们被做成花叶形、寿字、喜字，还有做成花瓶中插三把戟的，寓意"平（瓶）升三级（戟）"，用小

丁村住宅大门门钹、包叶

丁村住宅大门门钹、包叶

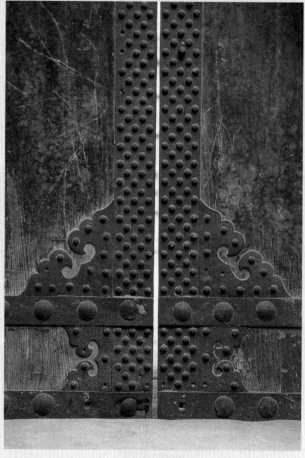

丁村住宅大门包叶

铁钉钉在板门上，更丰富了门上装饰所表现的人文涵意。丁村的大小宅门上，从满包铁皮、密集铁钉到用门钹、看叶装饰，形成丁村富有特征的门上铁花艺术。

从乡村住宅的宅门到都城宫殿的宫门，从最基层的门到最高层的门，我们从门本身

丁村住宅门正面

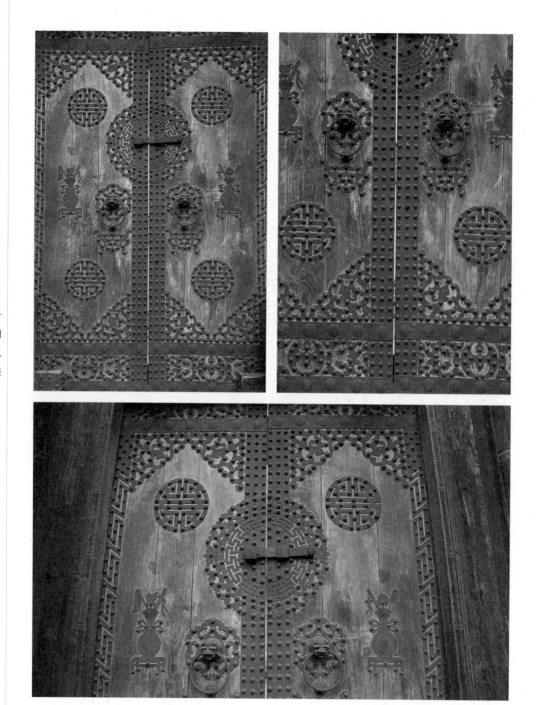

住宅门上铁花装饰

形态的发展中可以观察到一种现象，这就是建筑装饰的产生与发展的过程。大门上门钉、门钹、包叶、油漆色彩的形态变化都说明，建筑上的装饰在最初几乎都是对有实际功能的构件进行美的加工而形成的，它们都不是附加在建筑上的，而是建筑上不可分割的一个有机部分。随后，这些具有装饰性的构件又被赋予了一定的思想内涵，例如大门色彩、门钉个数表示出等级制，兽面门钹象征大门之坚固等等，于是这些构件同时具有了功能和装饰的双重作用。随着技术的发展与进步，有些构件的功能逐渐减少甚至消失，这些本应该在建筑上取消的构件却因为有了装饰作用而被继续保留在建筑上，这时，它们已经变为纯装饰性的构件了，例如宫殿大门上的门钉就是这样，它们变成贴在大门表面的木头圆钉，甚至为了省工省料，只在红色门板上用金色画上一排排的圆形，与原来的门钉距离越来越大。可喜的是如今在乡村的建筑上，我们仍可以看到这种原生态的门钉，可以见到这种门钉由功能到装饰的发展历程。这种大门装饰构件的演变过程在中国古建筑上几乎成了一种规律，表现在屋顶、门窗、台基上莫不如此。

门框

　　门扇安装在门框上必须能够自由开合，开门供出入，关门保安全，才能真正起到建筑大门的作用。门框的结构并不复杂，左右两根框柱，上面用一根称为上槛的水平木枋构成一个矩形框架固定在房屋柱子之间或者院墙门洞之中以供安装门扇。门扇安装在门框上能够自由转动，依靠的是门扇边上下突出的门轴。固定门扇上轴的是一条叫做"连楹"的横木，这条比门框宽度略长的横木两头各开有一个圆形孔洞，其大小正好承纳门扇的上轴。连楹木又依靠几根木栓和门框的上槛相连而固定，木栓的形式像钉子一样，一端是大木栓头，另一头成扁平状，插入上槛和连楹木的卯孔中，再用一根小木钉加以固定。这木栓头即露在门外的上槛上，依据门的大小和连楹木的长短而决定用两只或者四只木栓。这木栓头可能因为起的作用与所处的位置正好在大门的顶头上，因而与妇女头发上的发簪相近似，故称它们为"门簪"。

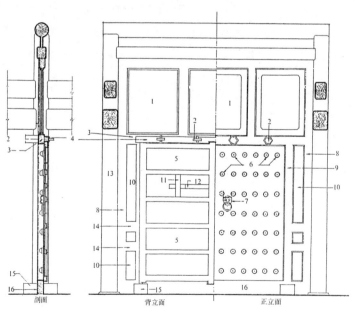

1.走马板 2.门簪 3.中槛 4.连楹 5.门心板 6.门钉 7.铺首 8.抱框 9.门框
10.余塞板 11.插关梁 12.插关 13.山柱或中柱 14.腰枋 15.门枕 16.下槛或门槛

建筑大门构造图

大门连楣木

山东栖霞牟氏庄园大门门簪图

牟氏庄园大门门簪

门扇的下轴与上轴一样，需要固定才能使门扇转动，但这种固定下轴的构件与连楹木不同的是，除了能使门扇转动外还要承受厚木板门扇相当的重量，所以自古以来多用石料制作，根据它的位置与作用，取名为"门枕石"。

有的大门在门框的下方，紧贴地面加了一根木条与左右门框柱相连，称为"门下槛"，简称"门槛"，俗称"门坎"。门槛的功能是挡住门扇的底部。平时门开时出入的人需要抬腿迈过这道门槛以别内外。在乡间，越是有财势的人家，这种门坎越高，所以古时形容有名望的人家是"门坎高"，不能轻易进入。在比较大的宫殿、庙堂、宅第大门，如果设有门槛则多用木料制作，平时插放在左右门枕石的石槽里，遇有车、马、轿出入

时，可以临时抽掉。有的地区也有用石料制作门槛的。

门框虽然没有门扇那么显著，但工匠们也没有忘记对它进行装饰。这里的装饰也与门扇上一样，都是对构件进行美化加工。露在门上槛外面的门簪位置显著，所以多在外形上把它们做成四方、六角、八角、圆形的，再在门簪上雕刻各种花饰，有的刻写上"吉祥"、"如意"、"福禄寿喜"，小小门簪，不仅形象美观，还

浙江农村住宅大门框上石雕

239

　广东东莞南社村住宅大门横框上石雕

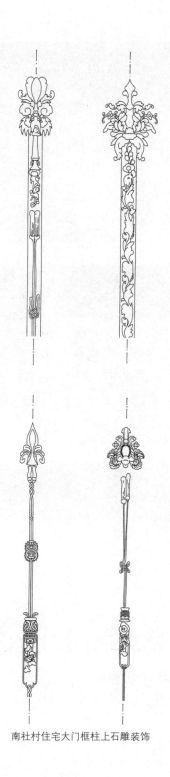

南社村住宅大门框柱上石雕装饰

表达出一定的人文精神。石造的门框也有进行装饰的，上槛与框柱相交处加两只雕花的雀替；上槛与框柱上加一些石雕花纹，费工不多，却能使僵直的门框有些生气。

门槛置于门的下方，又是被人用腿脚迈过的地方，但工匠也没有放弃对它们的装饰。不论是石门槛还是木门槛，都用一些雕刻予以美化，平铺的石雕花叶，木门槛两端的兽头，费工不多，却构思巧妙。

南社村住宅大门框柱上石雕装饰

贵州农村住宅门槛木雕装饰

山西农村住宅石门槛

山西农村住宅大门门枕石

门上附加装饰

　　如果有机会到农村去看一看，就可以发现，几乎家家户户的住宅大门上都贴着一对门神、一副对联，有的还在门板上挂着香插、元宝，门头上悬着铁叉、照妖镜、八卦板等等。这种现象无论在北方的四合院、陕北的窑洞院、南方的天井院，还是在西南山区的吊脚楼，甚至在草原上的蒙古包上都能见到。不仅在农村，在城市里也是如此，只是城市没有农村那么普遍，那么热闹。这些门神、门联等除了少数是刻画、刻写在门板和门柱上的以外，大多是贴在大门上的门神画、对联纸和挂在门头上的器物，所以称它们为大门上的附加装饰。这些装饰不仅有各种不同的外形，而且都富有特定的人文内涵，它们构成一幅灿烂的民族文化画卷，表现了我国各民族极其丰富的民俗、民风和民间艺术。它们选择了大门作为展示的舞台，尽管不是大门的一个有机部件，但已经与大门不可分离而成为建筑文化一个很重要的部分。

广东东莞南社村百岁坊大门

一、门神

　　门神就是守护大门、防止妖魔鬼怪侵入住宅的神灵。原始人类生产和生活的水平都十分低下,大自然的风雨雷电,周围环境的蛇虫猛兽,都随时会对人类造成危害,人们对这种现象既缺乏科学的认识,又无力进行有效的防备,于是将这一切灾害都视作冥冥天地间的一种鬼妖在作怪。由此,一方面产生了原始的自然崇拜,演变出对天地、日月、山川等的祭祀;另一方面也努力寻求降妖伏魔、驱鬼镇邪的种种办法。人类自从离开居住的自然山洞,离开地面下的穴居和树木上的巢居,开始在地面上兴建住屋以来,住房的安全就成了人们安居乐业的必备条件,而住宅的大门又成了防备的重点,因为大门既供人们进出,也要防止妖魔的入侵,最有效的办法就是能有神人守卫,这就是大门上门神产生的社会基础。

汉代画像石、画像砖上白虎

年画上的寿桃

门窗上寿桃装饰

　　门神的起源很早。东汉时期的王充在《论衡·订鬼篇》中引了一段《山海经》的话:"沧海之中,有度朔之山,上有大桃木,其屈蟠三千里,其枝间东北曰鬼门,万鬼所出入也。上有二神人,一曰神荼,一曰郁垒,主阅领万鬼,恶害之鬼,执以苇索,而以食虎。"古人传说鬼魂平时生活在鬼域,只能在夜间到人间活动,每当公鸡啼叫天将明时必须回鬼域,所以黄帝在度朔山上专门设置了一道鬼门关,派了神荼和郁垒二位神人把守以察看众鬼,凡发现在人间作了害人恶事的鬼,则用芦苇做成的绳索捆绑,扔到桃树下去喂老虎。这段神话传说反映了人们善良的愿望,它既描绘了鬼门关的环境,又推出了两位能察明恶鬼的神人和吃恶鬼的老虎。老虎是一种凶猛的野生动物,人们很早就认识老虎,并将它视为兽中之王和力量的象征。老虎作为猛兽的代表还与龙、凤、龟一起组成为四种神兽,分别主镇着东、南、西、北四个方位。鬼门关为什么选择在大桃树枝间呢?桃树在春季开花很早,结出的果实味甜色美,很受人们喜爱。《诗经·桃夭》中说:"桃之夭夭,灼灼其华","桃之夭夭,有蒉其实","桃之夭夭,其叶蓁蓁",对桃树的花、果、枝、叶都倍加赞美,所以古人视桃树为"神树"、"仙木",并将它的果实作为人长寿的象征。在这里,老虎代表着凶猛,桃树象征着美好,它们都是妖魔鬼怪的对立面，所以《山海经》那段神话选择了大桃树和老虎都不是偶然的，而在这里把守鬼门关的神荼、郁垒二位神人也就成了古代第一代门神了。

但是要把这二位神人搬到人间的家家户户大门上，还必须要将文字语言的神话形象化，于是，人们用桃木雕刻出神荼、郁垒的形象，每逢年节日挂在大门上以驱鬼妖。但是用桃木雕神像并非易事，所以逐渐变为在桃木板上画神像，更为省事的是在桃木板上只写下神荼、郁垒的名字挂在门上。至于神荼和郁垒的具体样子，目前能见到最早的形象是在汉代画像石上的石刻像，以后，在民间年画、剪纸等工艺品中也有表现，它们的样子并不一致，但因为是驱鬼镇妖的，所以总显出一副很凶猛威武的模样。桃木板两块，或雕、或画、或写二位门神的形象或姓名，把它们一左一右对称地挂在大门的门板上，成了驱鬼镇妖的符号，所以被称为"桃符"，每逢春节，家家户户都要在大门上换上新的门神，这种行为因而也称为"新桃换旧符"。

门神并非总是神荼与郁垒二位神仙，随着历史的变迁，门神也经历了变化。其中比较常见的有唐代的两员武将秦琼、尉迟恭和另一位专门打鬼的钟馗。《西游记》的第十回，回目是"二将军宫门镇鬼，唐太宗地府还魂"，说的是唐太宗住在宫

汉画像砖上的神荼、郁垒画像

农村住宅大门上的神荼、郁垒

神荼、郁垒门神

　秦琼、尉迟恭门神

中，晚上做梦老见到鬼，听得宫门之外，鬼魅呼叫，抛砖弄瓦，终夜不得安宁，弄得太宗又惊又怕，于是把夜梦之事告知众大臣，大将军秦琼与尉迟恭二人自告奋勇，请求晚上亲守宫门以驱鬼魅。经两员武将戎装驻守，当晚果真无事，一连三夜，众鬼不敢来犯。唐太宗念他们过分辛劳，于是命画工画下两位将军的怒目威武之像贴于宫门两侧，之后宫中夜晚果真安然无事。这样，秦琼和尉迟恭就成了第二代门神。

　　钟馗打鬼的故事在民间流传很广，事情发生在唐玄宗时期，也就是在秦琼、尉迟恭守卫宫门100年之后。玄宗生病，久治不愈，一日在梦中见一小鬼盗走了杨贵妃的紫香囊和明皇的玉笛这两件宝物，玄宗制止不听，这时见一相貌狰狞的大鬼抓住小鬼，并擘而食之。玄宗问这位大鬼是谁，大鬼回答说自己原是武进士，在皇帝宫廷御试时，成绩出众，只因长相狰狞而未取状元，一怒之下，触阶石而死，并发誓除天下妖魔。唐玄宗大梦醒来，病就好了，于是命画家吴道子依玄宗口述画出钟馗像，并下令全国悬挂门上以驱

镇宅钟馗像

刻画于大门板上的武将门神

刻画于大门板上的武将门神

鬼魅，从此钟馗也成了门神，因其面貌狰狞可怖，以鬼驱鬼，更为灵验，所以他的地位后来居上，超过了神荼和郁垒。

在各地民间所采用的门神除以上几位常见的之外，还有汉代的萧何与韩信、三国时期的赵云与马超、宋代的岳飞等等。这些人物都是各个时期的著名武将，经过古代戏曲、小说的描绘，他们富于传奇色彩的英勇事迹深受百姓的喜爱，所以这些武将成为门神也合情理。只不过他们与神荼、郁垒不同的是，都与桃树无联系，所以不需要把形象画在桃木板上，只需画在纸上，张贴在大门门板上就可以了。

值得注意的是，大门上的门神除了武将之外，还出现了文臣，只是两者的作用不同，前者驱鬼镇妖，而后者却是为了祈福纳财。文臣门神常见的有天官、喜神、和合二仙等。天官为天、地、水三官之首，其中天官赐福，地官赦罪，水官解厄，相比之下，赐福的天官最重要。门神由武将发展到文臣是一件很有意义的事，人们从用武将驱鬼到用文臣祈

福建永安安贞堡大门上文臣门神

浙江武义郭洞村何氏宗祠大门上文臣门神

市场上出售的门神画像

福,说明人们对外界环境驾驭的能力越来越强,已经由被动的防备上升到主动的祈求,这应该是一个很大的进步。有时一户人家为了求其全,将武将门神贴在头道大门上,文臣门神贴在二道大门或者房屋的房门之上。

二、门联

大门上除门神之外,不可缺少的就是门联。门联总是成对贴在大门的左右两块门板或者门框柱子上,而且每年春节总要换上一副新的,所以门联又称为"对联"或"春联"。

门联出现的时间,据历史学家考据,最迟在宋朝就有了。人们最初在桃木板上画门神像、写门神名,发展到在桃木板上写对联,这就是门联的最初形式。后来和门神一样,门联也由桃木板上退下而到纸上,并且与门神一起出现在大门上。

门神与门联的表现方式不同,前者是用形象,后者是用文字。门联的特点是用简练的文字表达出主人的理念与祈求,言简而意赅。

住宅大门上书刻的门联

广东东莞南社村住宅门两侧的门联

"三星高照平安宅，五福星临康乐家"；"门外青山水流秀，户内人家财源兴"；"新春如意寿永昌，盛世升平幸福长"；"读可荣身耕可富，勤能创业俭能盈"。这些门联反映了百姓家祈求平安、发财、长寿的心理和对耕读生活的向往。

　　"青山不墨千秋画，绿水无弦万古琴"；"闲观春水心无虑，坐听松涛心自豪"；"天然深秀檐前松柏，自在流行槛外云山"。这些门联表现出文人屋主不计衣食之虑，一心追求世外桃源的心境。

　　做生意的商贾在大门上则多贴："户纳东西南北财，门迎春夏秋冬福"；"春到百花香满地，财来万事喜临门"，等等。

　　如果门板上不贴门神，则门联贴在门板上，有时在靠近门缝处还加贴一对小副联，如"开门大吉"、"迎春纳福"之类。除门联外，还在门的横枋上贴一横批，常见的有"吉祥如意"、"人寿年丰"、"吉星高照"等等。

 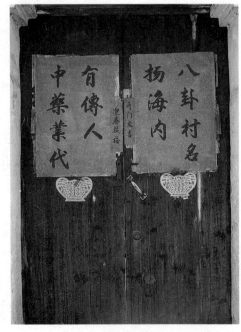

江南农村住宅大门上的门联、小副联、元宝和香插

南社村住宅大门上的五福

陕西农村住宅大门的白挽联

浙江农村住宅大门上的绿门联

门联除个别书刻在门板上的之外，大多在大红纸上用黑墨书写，如今讲究的是在大红纸上印上金色的文字，显得更加喜庆。在有的地区，当家中有老人去世，则门联需作一些调整：在家中办理丧事时用白纸写上挽联贴在门上；送葬之后的一年之内大门上换贴绿色或蓝色的门联，其内容也变为"守孝难回佳节礼，思亲仍贺盛世所"；"思亲腊尽人不尽，望母春归人不归"等。待一年之后再恢复贴红门联。

三、门上祈福物

大门上除了文臣门神、门联之外，在有些地区还见到元宝、香插之类的祈福物。元宝的原型是古时的金元宝、银元宝，都属贵重的财物。这里是用纸做成元宝形状贴在门上，起到招财纳福的象征作用。纸元宝多用红色纸作底，上面贴黄色的剪纸，讲究的用金纸作底，上面贴红色剪纸。有的还在元宝中插上几枝柏树枝，更增添了吉祥的内容。香插多用竹筒制作，也有用硬纸卷成，外面包一层红纸，每逢节日，筒里插几炷香，轻烟缭绕，表达出主人敬神祭祖的虔诚之心。

四、门上辟邪物

为了防止鬼妖的侵扰，大门上除了门

神之外还有一些用来辟邪的饰物。常见的有圆形的镜子，它的作用是用来照妖怪的，据说妖怪本来长相丑恶，当它来侵扰宅第时会装出一副善良的样子，但从圆镜中却会显出自己的丑怪原形，一下就吓跑了，这是用镜子来达到以丑驱鬼的作用，所以这类镜子被称作"照妖镜"。与此有相同作用的是在一些农村中见到的"吞口"。这是一种木雕的兽头，形象非虎又非狮，多鼓着双眼，张嘴露出两只獠牙，面目可憎，它的作用就是用自己丑怪狰狞之相吓跑妖魅。

另外常见的还有铁叉与五色布。铁叉是对付鬼魅的利器，多带三个尖叉，有的住户干脆挂一把剪刀代替铁叉。五色布为红、蓝、黄、白、黑五种颜色的小布条叠在一起，按当地民俗也能辟邪。有的地区喜欢在门头上挂一块画有八卦的木牌。八卦图本用作占卜，可选择宅第的风水吉地，预测人之祸福，在这里也起到辟邪作用。以上这些镜子、铁叉、吞口、八卦，除八卦有的直接画在墙上之外，都是挂在门头上，它们与门板上的门神一起守护着宅第的大门。

在广东东莞一带的农村中，住户除了在大门门板上贴门神，门框柱上贴门联之外，还在大门一侧的墙上开辟了一处敬神的场所。常见的多为土地爷、财神的牌位，牌位下有专用的香插，组成一处小小的祭神台。

五、门上应时装饰

在中国长期的农耕社会里，十分重视一年四季气候的变化，古时的历法将一年分作二十四个节气，各地多有与这些节气相配的民俗、民风，这民俗民风有的也会形象地表现在大门上。

一年之中最早的自然是春节与元宵，家家户户"总把新桃换旧符"，在大门上贴上新的门神，换上新的门联。接着是清明在门上插柳。清明大地回春，柳树首先发芽，人们将嫩嫩的绿柳叶插在大门上以表达"一年之计在于春"的喜悦心情。关于插

农村住宅大门上的吞口

农村住宅大门上的八卦图、铁叉、镜子、五色布

广东东莞南社村住宅门侧的神位

柳的更深层内涵，根据各地地方志的记载，有多种说法：其一是为了辟邪；其二是可以"明眼"；其三"插柳枝于户，以迎元鸟"，是为了迎接燕子归来。

农历五月初五日端午节在大门上悬挂艾叶。在古时端午为一年中阳气最盛之时，火旺则生毒。以现代的知识来看，端午即进入夏季，天气开始炎热多雨，蚊虫滋生，容易染病。而艾叶正有防疫作用，所以农村多在端午节临近时将艾叶燃烧，以烟熏杀虫，清洁环境。在大门上悬挂一束艾叶自然有去病防灾作用。有的地方还将艾叶编作虎形，称为"艾虎"，自然更增添了镇邪的象征作用。

秋收时期在大门上悬挂稻穗，丰满的稻穗象征着丰收之年。还有的地区，例如广东农村当橘子熟了之时，摘一小枝带橘子的枝叶挂在门上，因地方语言"橘"与"吉"谐音而象征着吉祥、吉利。

纵观以上所列举的门神、门联、元宝、香插、镜、叉、八卦以及各地应时之饰物，它们本非大门的有机构件，但经过历史相沿，已经成为大门不可分割的部分了，这些附加之物，以它们不同的形象和各种特定的人文内涵，极大地丰富了大门的表现力，并与大门本身的形象及其他装饰一起组成中国古代建筑特有的门文化。

农村住宅大门上挂的谷穗

图片目录

千
门
之
美

● 图片目录

注：

图名后有①者录自《中国古代建筑史》，刘敦桢，中国建筑工业出版社，1984年。

图名后有②者录自《中国建筑史》，潘谷西，中国建筑工业出版社，1986年。

图名后有③者录自《中国古代建筑史》第二卷，傅熹年，中国建筑工业出版社，2001年。

图名后有④者录自《北京老城门》，傅公钺，北京美术摄影出版社，2002年。

图名后有⑤者录自《紫禁城》汇刊。

图名后有⑥者录自《中国建筑艺术全集·明代陵墓建筑》，中国建筑工业出版社，2000年。

图名后有⑦者为清华大学建筑学院资料室提供。

图名后有⑧者为清华大学建筑学院建筑历史与文物建筑保护研究所提供。

图名后有⑨者录自《普陀山古建筑》，赵振武、丁承朴，中国建筑工业出版社，1997年。

图名后有⑩者录自《西藏古迹》，杨谷生，中国建筑工业出版社，1984年。

图名后有⑪者录自《曲阜孔庙建筑》，潘谷西，中国建筑工业出版社，1987年。

图名后有⑫者为清华大学建筑学院乡土建筑组提供。

图名后有⑬者录自《中国古代建筑史》第一卷，刘叙杰，中国建筑工业出版社，2003年。

图名后有⑭者录自《梁思成全集》，中国建筑工业出版社，2001年。

图名后有⑮者录自《中国雕塑史图录》，史岩，上海人民美术出版社，1985年。